可再生能源发电企业典型安全事件案例分析

抽水蓄能分册

国家电网有限公司安全监察部 编

中国电力出版社
CHINA ELECTRIC POWER PRESS

内容提要

本书是《可再生能源发电企业典型安全事件案例分析》丛书的分册之一，为抽水蓄能分册。

本书筛选辑录了国内部分抽水蓄能电站共计83个安全事件案例，分为电气一次、电气二次、水力机械、人身安全及误操作、其他共五部分。每个安全事件案例包括事件经过及处置、事件原因、暴露问题和防止对策，基本上还原事件发生当时的情况，在每个案例后面增加了编者案例点评，力求有助于读者思考。

本书可供企事业单位、政府有关部门安全生产管理人员阅读参考。

图书在版编目（CIP）数据

可再生能源发电企业典型安全事件案例分析．抽水蓄能分册 / 国家电网有限公司安全监察部编．—北京：中国电力出版社，2019.4

ISBN 978-7-5198-3057-1

Ⅰ．①可… Ⅱ．①国… Ⅲ．①再生能源－发电厂－安全事故－案例②抽水蓄能水电站－安全事故－案例 Ⅳ．① TM61

中国版本图书馆 CIP 数据核字（2019）第 066754 号

出版发行：中国电力出版社
地　　址：北京市东城区北京站西街 19 号（邮政编码 100005）
网　　址：http://www.cepp.sgcc.com.cn
责任编辑：安小丹（010-63412367）
责任校对：黄　蓓　朱丽芳
装帧设计：赵姗姗
责任印制：吴　迪

印　刷：北京瑞禾彩色印刷有限公司印刷
版　次：2019 年 4 月第一版
印　次：2019 年 4 月北京第一次印刷
开　本：880 毫米 ×1230 毫米　32 开本
印　张：11.25
字　数：234 千字
印　数：0001—2000 册
定　价：98.00 元

编 写 组

主　　编：王国春

副 主 编：王传庆　彭吉银

编写人员：王理金　曹坤茂　李　华　宋绪国

张　洋　冯林杨　高国庆　曹南华

陶昌荣　夏书生　陈尊杰　吕伟国

薛建超　刘振旭　韩昊男　谷文涌

高　辉　朱克刚　郑小刚　李忠威

罗　涛　李少春　李　显

审 核 组

组　　长：曹新民

审核人员：孙　国　林集养　沈利平　孔令华

郭为金　杨伟国

为深入学习贯彻习近平总书记安全生产重要思想，认真落实“一厂出事故，万厂受教育”重要指示要求，提高发电企业全员安全意识，国家电网有限公司安全监察部决定组织编写《可再生能源发电企业典型安全事件案例分析》丛书，并组成了本书编写组。

在编写过程中，本书编写组对系统内可再生能源发电企业历年来发生的安全事件（包括人身伤亡事件、设备故障事件、自然灾害事件等）档案进行了筛选整理，力求真实展现事件发生当时的现象、处置过程、事后原因的探究和防范做法，为同类型发电企业吸取教训、消除隐患、防范生产安全事故、做好突发事件的处置工作提供借鉴，让事故案例“回头看”更具现实意义。为提高案例的警示效果，编写组还为每个案例加入了“案例点评”，旨在抛砖引玉，从培养优良安全文化的角度，透过现象看事件本质，言简意赅地引发读者的共鸣和思考。

本丛书按照发电类型共分为五册，分别为：《常规水力发电分册》《抽水蓄能分册》《生物质能发电分册》《风力发电分册》《光伏发电分册》。

本书为《抽水蓄能分册》，选取了抽水蓄能电站 83 个安全事件案例，分为电气一次、电气二次、水力机械、人身安全及误操作、其他共五个部分，以安全事件发生的时间为序进行编排。我国抽水蓄能电站建设虽起步晚，但发展速度很快，特别是党的十八大以来，抽水蓄能电站迎来黄金发展期，如雨后春笋般开工建设、投产运行，一跃成为世界抽水蓄能装机容量最大的国家。本书的案例全部发生于2000年之后，主要集中在近十年抽水蓄能大发展时期，既涉及基建施工时期的人身事故，又包含设备运行期的经验教训，可以说是一部浓缩的抽水蓄能安全生产发展史。纵观本书案例，不难发现，随着安全教育培训的深入、安全生产管理体系的不断完善，以及新技术、新设备、新工艺的广泛应用，全员安全意识不断提高，安全管理水平有效提升，设备本质安全水平也同步大幅提升。预防安全事件的发生，必须要树立以人为本的理念，严格规范地从源头抓起，强化本质安全，坚持标本兼治，夯实安全生产基础，才能有效提升企业内在的预防和抵御安全事件风险的能力。

本书在编制过程中得到系统内各抽水蓄能电站的大力支持和各级领导的悉心指导，凝聚了各位参与编著人员的心血，希望通过对案例的讨论分析，能够给读者带来积极的借鉴和启示。当然，限于编者的水平，恐难以保证没有错漏之处，请广大读者特别是业界专家斧正。

国家电网有限公司安全监察部

2018年12月

目录
CONTENTS

第二章 电气二次

第三章　水力机械

第四章 人身安全及误操作

第五章 其　他

第一章 电气一次

案例 1-1

某抽水蓄能电站6号机组抽水运行过程中励磁变压器故障导致机组跳机

一、事件经过及处置

2001年2月2日01时11分，某抽水蓄能电站6号机组抽水工况运行时，6号机组励磁变压器过流保护Ⅰ段动作，6号机组跳机；01时19分，6号主变压器低压侧接地保护Ⅰ段动作，延时1.5s后保护出口跳开5/6号主变压器高压侧断路器、2号SFC（静止变频器）输入断路器和3号厂用变压器高压侧断路器。

现场检查发现6号机组励磁变压器（为干式变压器）W相已着火，电站立即组织灭火排烟工作，并第一时间通知消防队进厂灭火。由于励磁变压器箱体阻隔，干粉不能有效到达着火点，干粉灭火效果不明显，在切断母线洞设备的交、直流电源后，消防人员用水将火扑灭。

火扑灭后，对6号机组励磁变压器W相进行外观检查，发现高压绕组绝缘表面严重烧损，高低压绕组之间隔板部分烧坏，高压套管和低压引出线支撑绝缘子烧损严重，RTD 引线烧断，励磁变压器低压侧断路器高压绕组有一条长约 30cm 的放电通道，放电通道的下端已严重碳化，最宽处约 1cm。故障绕组解体后的故障点如图 1-1-1 所示。

图 1-1-1 故障绕组解体后的故障点

二、事件原因

直接原因：励磁变压器高压绕组层间绝缘薄弱，致长期运行过程中发生绕组层间短路，短路电流导致绕组局部过热造成励磁变压器高压绕组绝缘受损、起火，引起励磁变压器过流保护动作机组跳机。

三、暴露问题

（1）对故障设备解体后，发现制造厂在绕制高压绕组时并未在筒式绕组的层间垫入玻璃丝毡或其他绝缘材料来加强层间绝缘。励磁变压器高压绕组的匝间电压一般为12V左右，依靠漆包线本身的绝缘强度一般不会有绝缘问题，但筒式绕组的层间电压则达数百伏，仅仅依靠漆包线的绝缘，如果在绕组绕制或环氧树脂浇筑过程中存在缺陷，则在长期运行中可能会发生放电并不断发展，最终导致绝缘击穿。

（2）励磁变压器高压侧电流未接入监控系统，导致运行过程中无法监视其高压侧电流，无法及时发现故障导致的电流变化。

（3）励磁变压器的维护和检查不到位，未及时发现设备隐患并治理。

（4）励磁变压器外壳对干粉灭火起阻挡作用，灭火效果不佳；灭火设施、排烟设施不完善，灭火方案准备不充分。

四、防止对策

（1）设备制造厂在设计、制造励磁变压器时要考虑加强高压绕组层间绝缘的方法和工艺；要考虑谐波分量对变压器运行的影响；要针对抽水蓄能机组励磁变压器运行温度变化快、变幅大对产品性能的影响，改良环氧树脂浇注工艺。

（2）按照《国家电网公司水电厂重大反事故措施》（国家电网基建〔2015〕60号）要求，将励磁变压器的高压侧电流信号接入监控系统，实时监测高压侧电流的变化，发现三相电流不一致时要进行检查；同时增设励磁变压器差动保护，使得继电保护更加可靠。

（3）励磁变压器停役维护时，需加强绕组表面的外观检查，重点检查变压器表面是否有裂纹。对于励磁变压器的预防性试验项目，宜增加感应耐压试验（包括局放测量），这样可以及早发现变压器的绕组内部缺陷，并及时处理。

（4）根据实际情况修订励磁变压器的灭火设施、灭火方案和排烟方案。

五、案例点评

该案例发生在十几年前，与那时相比，现在设备制造工艺、施工水平、检测技术的提高有效促进了设备本身性能的提高，但是对设备管理和技术管理的要求也更严了。无论何时，做好电站设备管理和技术管理，定期开展设备检查和预防性试验，仍然是发现设备缺陷隐患的主要手段，电站运维检修部门必须严格执行好。另外，根据现场生产实际情况，可增设远方监测装置，方便及时掌握设备的运行状况。

案例 1-2

某抽水蓄能电站 2 号发电电动机检修过程中发现定子线棒端箍绑扎松动造成定子绝缘磨损

一、事件经过及处理

2002 年，某抽水蓄能电站 2 号机组检修时，发现部分定子线棒下端部端箍绑线处附有呈淡黄色油泥状物体。对其全面清扫、标记并进行跟踪，后续每次检修时均发现有类似现象。异常后的定子线棒如图 1-2-1 所示。

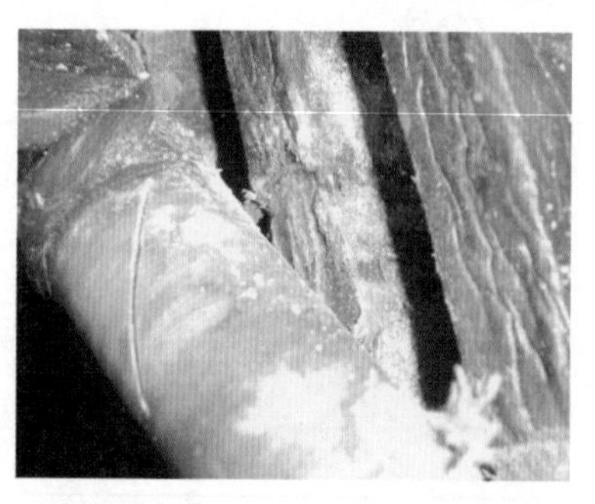

图 1-2-1　异常后的定子线棒

2004 年 11 月，2 号机组检修时发现，定子线棒下端部端箍绑线松动有恶化趋势，其中 169 槽线棒的固定绑线已经完全松开，定子线棒端部绝缘与端箍间涤纶毡适形垫接触部位有磨损现象，绝缘表面深度约 2mm。检查中还发现，凡是磨损严重部位其绑线带均有松动及附近有黄色油泥状物质黏附。

随后对 2 号机组发电电动机定子进行了绝缘预防性试验，包括定子交 / 直流耐压、定子绝缘电阻、定子介质损耗、在线监测定子局放等，试验结果正常。后又对 2 号机组发电电动机定子端部进行固有频率测试，结果发现大部分线棒端部的固有频率在 85 ~ 115Hz 的“共振区”内。

针对 2 号机组发电机定子下端部端箍绑线松动和松脱的现象，在重新绑扎时优化调整了端箍与支架连接方式，并将端箍支架的数量增加了一倍。将端箍与支架间螺栓由径向连接改为切向连接，利用绝缘板进行支撑力传递，增大了支架的刚度；同时适当加装斜向支腿，提高了端箍与机架的整体性和稳定性。定子线棒下端部绑线原结构示意图如图 1-2-2 所示，定子线棒下端部绑线改进结构示意图如图 1-2-3 所示，重新绑扎后的定子线棒如图 1-2-4 所示。绑扎完成后测试线棒端部的固有频率，得到了很大的提高，且一致性较好，基本都高于 115Hz，避开了共振区，大大改善线棒运行条件。

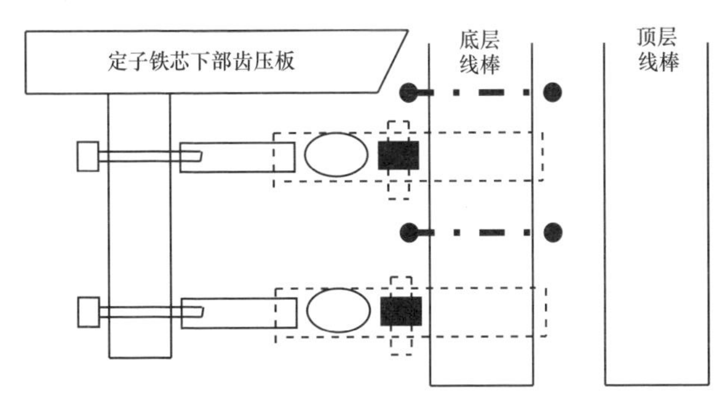

图 1-2-2 定子线棒下端部绑线原结构示意图

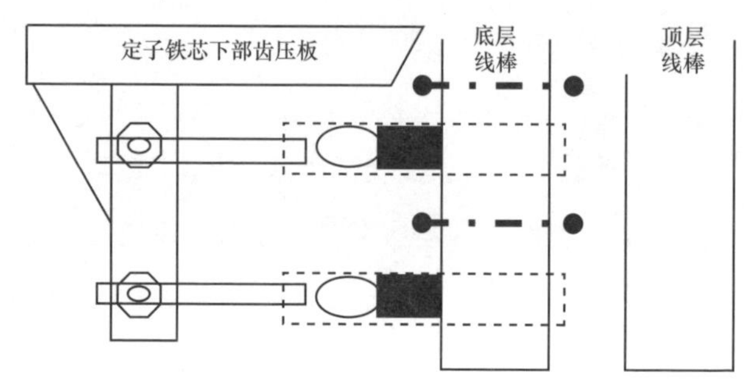

图 1-2-3 定子线棒下端部绑线改进结构示意图

图 1-2-4 重新绑扎后的定子线棒

二、事件原因

直接原因：线棒端部的固有频率偏低且处于共振区，机组运行时振动导致线棒与端箍间绑线松动并发生相对位移。

间接原因：端箍、支架、线棒的连接结构设计和施工工艺不合理导致其一体性差。

三、暴露问题

（1）制造、安装不到位。制造厂对于抽水蓄能机组的运行特点认识不足，对定子线棒端部绑扎固定的结构设计和施工工艺套用常规水电机组的设计思路，未考虑抽水蓄能机组水头高、转速快等特点对定子线棒端部的影响。

（2）设备运维不到位。运维经验不足，运行单位未能意识到高转速水轮发电机定子线棒的固有频率会导致其端箍绑线松动乃至磨损线棒绝缘，未定期进行定子端部固有频率检测。

四、防止对策

（1）根据《国家电网公司水电厂重大反事故措施》（国家电网基建〔2015〕60号）中6.3.1.2的要求，“应核算发电机机架、机座、定子线棒端部及其他结构件的固有频率，以避免与水泵水轮机的转频、水力脉动频率及其倍频，或与不对称运行时转子和定子铁心的振动频率、电网频率的倍频、建筑物的振动频率产生任何可能的共振。”定期对发电机定子端部进行固有频率测试，发现下降趋势时立即进行调整处理。

（2）根据《国家电网公司水电厂重大反事故措施》（国家电网基建〔2015〕60号）中6.2.3.1的要求，“应定期检查旋转部件联接件以及定子（含机座）、定子线棒槽楔等，防止松动。”在机组检修时，检查定子端部端箍的绑扎情况，通过定子交流耐压试验等方法及时发现端箍与线棒间因松动出现的间隙，如有异常，及时进行处理。

五、案例点评

本次发电机设备缺陷的发现及消除，反映出该电站在设备管理方面做得非常到位，从缺陷的初期发现线棒下端部的附着物，到随后定期跟踪检查发现缺陷不断发展和恶化，再到缺陷处理过程中采用固有频率测试发现问题根源，直到最后采取措施消除共振，充分表明了对待缺陷隐患要采取积极应对的态度和正确的处理方法，才能保证机组设备的安全健康。

案例 1-3

某抽水蓄能电站 5 号机组停机过程中励磁断路器负极主触头烧坏造成机组停机失败

一、事件经过及处置

2008 年 8 月 29 日 11 时 23 分，某抽水蓄能电站 5 号机组停机过程电气制动时励磁断路器未合，同时励磁控制盘 110V 直流电源总开关跳开，励磁控制盘上显示励磁报警、励磁辅助电源报警等信号，电气制动在转速 2% 左右自动分开，机组因超时停机失败。

现场检查 5 号机组励磁断路器合闸二次回路的相关继电器、端子、合闸线圈等，未见异常。现场检查励磁断路器本体，在打开励磁断路器主触头灭弧罩后，发现励磁断路器负极的一副动触头及铝托板损伤（如图 1-3-1 所示），动触头软连接因过热熏黑（如图 1-3-2 所示），动触头固定螺栓烧断，其压紧弹簧的固定铝托板断裂（如图 1-3-3 所示），负极的另一副动触头及其固定螺栓、螺母也有过热烧熔的情况（如图 1-3-4 所示），而正极的动、静触头及励磁断路器辅助触头正常。

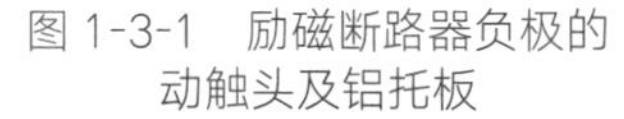

图 1-3-1　励磁断路器负极的动触头及铝托板

图 1-3-2　动触头及熏黑的软连接

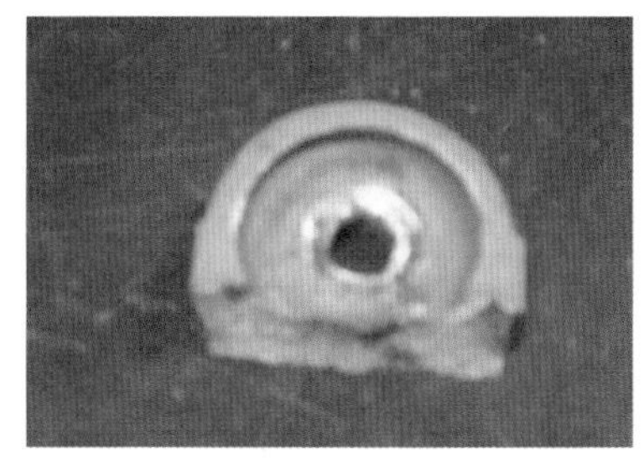

图 1-3-3　断裂的铝托板

图 1-3-4　烧熔的螺栓和螺母

经分析，由于励磁断路器负极动触头压紧弹簧的固定托板断裂，造成励磁断路器在合闸时不能有效合闸到位，励磁断路器无法被锁定在一定位置，机构本身的弹簧力作用下，励磁断路器自动弹开而分闸，励磁断路器长时间未合闸，直流 110V 控制回路过流，引起励磁控制盘 110V 直流电源总开关跳开。

根据检查结果，更换励磁断路器负极的两副动静触头，对励磁断路器的主触头间隙和同步性进行调整，并测定其分、合闸时间。随后 5 号机组进行发电空载、抽水调相及电气制动试验，励磁断路器均工作正常。

二、事件原因

直接原因：励磁断路器负极动触头压紧弹簧的固定托板断裂，造成固定螺栓松动，使主触头固定连接部位由面接触变成点接触，大电流流经固定螺栓时发热进而烧毁螺栓和动触头，未完成电气制动，最终导致机组因超时停机失败。

间接原因：固定托板是由铸铝浇铸而成的，励磁断路器合闸时的冲击力极大，由于铸铝的机械强度不足，经过多年长时间的反复冲击后，铸件因为疲劳而断裂。

三、暴露问题

（1）设备维护人员对设备结构熟悉程度不够，经验不足，对设备日常维护和检修工作不到位。

（2）维护人员对励磁断路器结构中可能存在的风险分析不够，未能对易损部件进行重点监测，提前消除设备隐患。

四、防止对策

（1）举一反三，检查其余机组励磁断路器内部螺栓的紧固及弹簧压力是否正常，操作部件有无裂纹。

（2）机组定检时，检查励磁断路器的操作机构有无异常，动静触头烧蚀情况是否正常、接触是否良好、有无裂纹等情况。

（3）定期进行励磁断路器红外检测，发现有异常情况，立即处理。

（4）加强备品备件管理，保证足够数量的备品备件，对部分拉弧严重、动触头出现松动的进行更换。

五、案例点评

该案例表明，电站运维人员对该断路器的维护管理存在漏洞，电站运维检修部门应定期统计断路器等动作频次高设备的动作次数，并根据制造厂家说明书规定或者国家、行业标准要求，结合定检对断路器进行预防性试验、维护和检修，了解并掌握其内部结构、薄弱环节，及时发现和消除存在的缺陷、隐患。

案例 1-4

某抽水蓄能电站 1、2 号机组发电双机甩负荷过程中磁极绕组变形造成机组严重损坏

一、事件经过及处置

某抽水蓄能电站 1、2 号机组引水系统为一管双机方式布置，机组额定转速为 500r/min，装机容量 300MW。2009 年 10 月 16 日，该电站按主机设备采购合同要求进行一管双机甩负荷调试试验，试验从甩低负荷开始，逐步提升到甩 100% 负荷，低负荷下试验均正常开展。10 时 25 分，两台机组满负荷运行 45min 后，同时手动断开两台机组出口断路器，监控系统出现如下报警：1 号机组差动保护、横差保护及低压闭锁过流保护动作，1 号机组紧急停机，1 号机组励磁灭磁开关和励磁交流开关断开；2 号机组差动保护、横差保护及定子 100% 接地保护动作，2 号机组紧急停机，2 号机组励磁灭磁开关和励磁交流开关断开。检测到 1 号机组转速达到 128% 额定转速，2 号机组转速达到 130% 额定转速。

现场人员反映，断开机组出口断路器后，1、2号机组振动噪声异常增大，约数秒后，发现1、2号机组集电环室出现烟雾及火花，1、2号机组振摆剧烈并发生异音，随即，现场立即组织厂房所有人员紧急撤离，清点人数，确认无人员伤亡。

经检查，事故造成1号机组5只磁极绕组变形、侧面翻边甩出，其中有2只磁极绕组发生双侧面翻边甩出，1号机组转子损坏情况如图1-4-1所示；2号机组7只磁极绕组变形、侧面翻边甩出，其中有5只磁极绕组发生双侧面翻边甩出；1、2号机组定子铁芯均与甩出的磁极绕组发生接触，定子线棒、汇流环、引出铜排等损坏，汇流排损坏情况如图1-4-2所示；1、2号机组定子铁芯均出现不同程度的沉降，铁芯内膛因与转子整体接触扫膛而磨损严重，内膛槽楔处熔有大量铜粉，线棒外部楔子板基本烧毁，定子铁芯损坏情况如图1-4-3所示；1、2号机组的定子基础基槽部位二期混凝土遭破坏；1、2号机组上导油槽已脱落，上导轴承损坏；1、2号机组集电环受撞断裂、损坏，损坏情况如图1-4-4所示。

图1-4-1　1号机组转子损坏

图1-4-2　汇流排损坏

图 1-4-3　定子铁芯损坏

图 1-4-4　集电环损坏

二、事件原因

直接原因：机组甩负荷后，转速急剧上升，产生巨大的离心力，转子绕组向极靴侧挤压，在发电机磁极间没有挡块支撑的情况下无法承受双机甩负荷产生的离心力，逐渐产生变形并甩出，与定子铁芯和线棒发生接触扫膛，造成设备损坏。

间接原因：机组转子磁极设计裕度不足，支撑磁极离心力的极靴尺寸偏小，加上制造、装配误差相对偏大，磁极绕组套装质量不高。

事故扩大原因：磁极之间没有支撑挡块，在转子磁极之间仅上、下部各有一块挡风块，在绕组变形后挡风块无法阻止其变形量增大。

三、暴露问题

（1）新工艺新技术的设计、应用不严谨。事故属设计及制造质量问题，厂家设计的塔形磁极应用至抽水蓄能机组属国内先例，技术仍不成熟，从制造厂提出的计算理论未经过严格审查和验算复核。

（2）检验标准未能随新产品的出现同步更新。该电站采用常规的检验标准对新设计产品进行检验，未能及时发现新产品设计制造中存在的隐患。

（3）对核心设备监造不到位。在发电机这一核心设备制造生产过程中，未专门派出专家进行现场监造，同时要强化工厂目睹试验。

（4）对新工艺产品试验中的观测和检测频次不足。新工艺、新技术因刚开始应用，还不够成熟，故障概率大，现场调试过程中，应针对加强现场试验中的观测和检测频次，提前发现问题，避免事故发生。

四、防止对策

（1）对该电站全部机组发电机转子磁极极靴进行改造，增加极靴的尺寸，确保机组在高转速产生的离心力作用下绕组不会变形甩出；在转子磁极之间增加绝缘支撑挡块以限制绕组的位移，防止外凸变形；在转子磁轭上打孔，增加绝缘挡块，每两个磁极之间增加4个挡块，新增的挡块应采用具有足够硬度的绝缘材料。

（2）重要设备的设计、制造要经过严格的审查、论证。根据

《国家电网公司水电厂重大反事故措施》（国家电网基建〔2015〕60号）中6.1.1.1的要求，“制造厂家应提供转子各部件的刚度、强度有限元计算分析和疲劳寿命报告，分析机组在发生过速、飞逸等情况下的磁极绕组最大等效应力，并核算设计结构下的绕组变形量”。

（3）设备制造过程中加强监造，应按照监造关键控制点的要求进行监造，有关监造关键控制点应在合同中予以明确，对照设计标准严把出厂验收关。

（4）提高磁极绕组套装质量标准，对设备制造、安装尺寸应严格验收，确保设备质量符合标准。确保磁极安装满足《国家电网公司水电厂重大反事故措施》（国家电网基建〔2015〕60号）中6.1.2.1的要求，“磁极挂装后检查转子圆度，各半径与设计半径之差不应大于设计空气间隙值的±4%。转子整体偏心值应满足GB/T 8564相关标准要求，但最大不应大于设计空气间隙的1.5%。”

（5）过速度试验应按照《国家电网公司水电厂重大反事故措施》（国家电网基建〔2015〕60号）中6.1.3.2的要求，“机组过速后，应全面检查转动部件，重点检查磁极挡块、磁极连接线、磁极绕组等异常变化情况。”新工艺、新技术调试过程中，应针对性增加检查频次。

五、案例点评

抽水蓄能机组的设计和制造采用新工艺、新技术对抽水蓄能机组发展具有促进作用，运用得好可以提高机组设备技术水平，但是新工艺、新技术往往是把“双刃剑”，如果像本次事故机组这样，在设计环节审查论证不严格，制造、装配环节误差较大、质量不高，关键节点监造把关不到位，安装调试环节重要试验后检查不细致，种种原因相叠加就会造成不可挽回的损失。从机组全寿命周期管理角度，自设计起到机组退役，各阶段的参与人员都应该切实履行好各自职责，才能够保证机组不出问题。

案例 1-5

某抽水蓄能电站厂用 10kV 母线设备运行中遭雷击造成设备受损

一、事件经过及处置

2010 年 7 月 19 日，某抽水蓄能电站所在区域突下短时大到暴雨，并伴有强雷电发生。19 时 16 分，2 号高压厂用变压器差动保护动作，厂用Ⅱ段 10kV 进线断路器跳闸，厂房交流电源中断。19 时 18 分，4 号主变压器差动保护动作，主变压器高压侧断路器跳闸。值班人员现场检查 10kV 开关室有浓烟冒出且伴有火光现象，由于厂房烟气太大无法控制，厂房运行人员及救援人员有序撤离地下厂房，23 时至次日 4 时，在厂房烟雾较小后，先后恢复厂用电源、恢复厂房工作照明部分、启动渗漏排水泵排水、投入主变压器洞排风机进行排烟。次日 04 时 30 分，地下厂房基本恢复正常。10kV 厂用电盘柜如图 1-5-1 所示。

事件造成 2 号高压厂用变压器、2 号高压厂用变压器中压断路器柜、三面 10kV 断路器柜损毁，两台 10kV 断路器部分受损，上述故障断路器柜部分高压动力电缆以及照明、控制电缆受损。

图 1-5-1　10kV 厂用电盘柜

二、事件原因

直接原因：地面副厂房户外建、构筑物遭受强雷电侵袭，引起接地网冲击电位增高，导致厂用 10kV 进线断路器过电压保护装置损坏短路并引起电缆和断路器柜爆炸。

事件扩大原因：2 号高压厂用变压器差动保护动作应跳开高压厂用变压器两侧断路器，而高压厂用变压器高压侧断路器因跳闸绕组损坏未跳开，造成 2 号高压厂用变压器及其高压侧断路器损坏以及相关断路器受损、4 号主变压器跳闸。

三、暴露问题

（1）防雷设计不完善。对雷电波通过户外设备及线路侵入地下厂房设备系统重视不够。电站处于雷电多发山区，未考虑针对性的重点防范保护措施。

（2）设备选型不当。10kV 断路器柜配置的过电压保护装置不适合有较高防雷要求的多雷区电站厂用电系统。

（3）厂用变压器高压侧断路器跳闸回路设计不合理。作为电站重要负荷断路器未设置双跳闸绕组，动作可靠性低。

（4）技术管理不到位。基建阶段在部分设备投运后，未按生产管理要求及时进行相关设备预防性试验，生产人员对新投产设备熟悉掌握不够，未及时建立相关设备技术台账。

四、防止对策

（1）完善户外防雷设施。在上水库 10kV 架空线路进线电缆前串入过电压抑制器，在地面副厂房户外照明回路中加装防雷隔离变压器。

（2）优化 10kV 真空断路器过电压保护装置。

（3）提高断路器动作可靠性。将单跳闸绕组改为双跳闸绕组，同时加强对跳闸回路的检查维护力度。

（4）加强设备运维及技术管理。强化设备安装、调试质量控制，严把工程验收和交接验收关；做好技术资料管理，健全设备技术档案。

五、案例点评

本次事件的发生和扩大是一系列设备问题联合作用的结果，表明基建转生产过程中设备管理和技术管理的重要性。基建转生产过程中，电站应积极安排有设备管理经验的技术人员参与设备设施的验收，按照国家、行业标准和反事故措施要求对设备本身性能和安装情况进行查看，及时发现、消除设备制造和安装过程中存在的缺陷和隐患，为生产期设备安全稳定运行创造条件。另外，处于雷电易发区域的电站，厂用电系统从设计、设备选型到出厂验收、安装调试各个阶段均应充分考虑防雷的要求，配置完善的过电压保护装置。

案例 1-6

某抽水蓄能电站 4 号机组抽水停机过程中磁极绕组端部挡块脱落造成机组损伤

一、事件经过及处置

2011 年 6 月 7 日 14 时 06 分，某抽水蓄能电站 4 号机组抽水工况稳态运行，14 时 10 分，按调度令将 4 号机组由抽水工况转抽水调相工况，因 4 号机组从停机状态启动至抽水工况运行不足 5min 即转换至抽水调相工况，此时 4 号机组调相压水气罐压力尚未恢复，工况转换流程停顿等待压力条件，14 时 21 分，按调度令执行 4 号机组停机，停机过程中机组电气制动断路器合闸瞬间，机组励磁变压器过流保护动作，500kV 双回线路断路器跳闸，同时机组低压过流保护、转子接地保护动作，4 号机组电气保护动作停机。

4 号机组停机后，对机组进行隔离操作后进行检查，检查情况如下：

（1）发电机定子 4 根上层线棒下端部有明显撞痕（如图 1-6-1

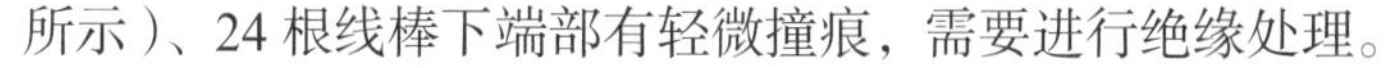
所示）、24 根线棒下端部有轻微撞痕，需要进行绝缘处理。

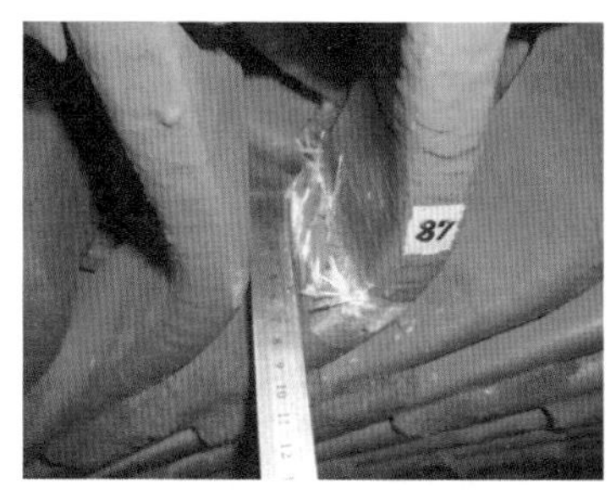

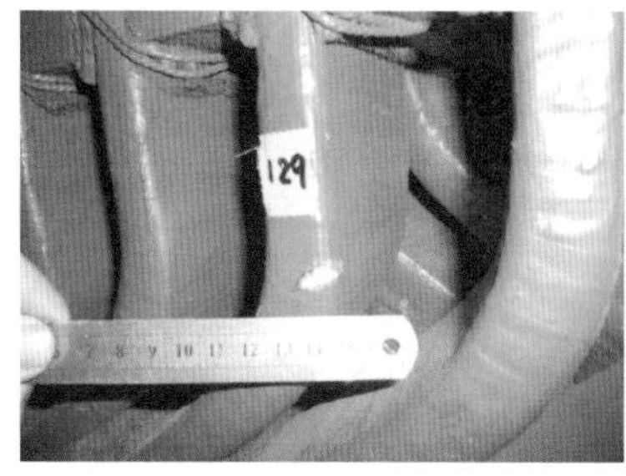

图 1-6-1　定子线棒损伤情况

（2）转子磁极上端阻尼环软连接向下变形，下端阻尼环软连接向上变形，阻尼环相对磁极极靴产生移位；转子磁极（12 个）绕组下端部装配用挡块受径向力（朝大轴方向）剪断或变形，固定螺栓松动或被切断掉落，磁极绕组挡块如图 1-6-2 所示；转子磁极绕组上端部装配用挡块受力向大轴方向些许移位，程度比下部轻；磁极绕组有明显向发电机中心位移痕迹，下端部比上端部明显；其中 1 只磁极绕组滑移层受热融化明显，1 、12 号磁极绕组靠磁轭侧的表面有烧灼痕迹，12 号磁极绕组烧灼情况如图 1-6-3 所示。

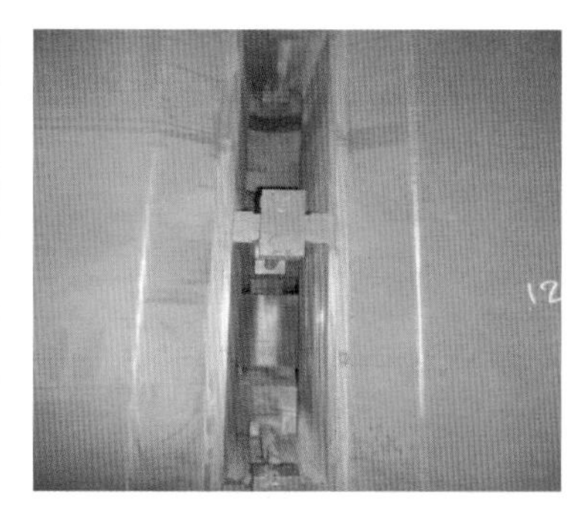

图 1-6-2　磁极绕组挡块位置　图 1-6-3　12 号磁极绕组靠磁轭侧表面烧灼

组织进行4号机组检修，完成对发电机的修理，主要修复如下：

（1）修复转子损坏部分：拔出损伤较重的1、12号磁极，更换绕组；更换上、下阻尼环全部软连接；更换全部绕组挡块及高强螺栓；对受热融化的滑移层进行修整处理。磁极全部回装后分别进行了耐压、分担电压测试、绝缘测试，试验结果合格。

（2）定子部分：打磨受损线棒、受损部位重新缠绕云母带、浇注环氧树脂。修复后通过直流耐压、绝缘试验确定无异常。

（3）由于转子结构还存在一定薄弱环节，根据不同情况下绕组受力情况，改变磁极装配用挡块结构，以保证磁极绕组可承受突发情况下电磁力。

二、事件原因

直接原因：监控程序设计不合理，在机组从抽水转抽水调相过程中，执行机组停机指令后，监控系统未正常发出励磁停机命令，励磁仍处于AVR（自动电压调节）模式调节机端电压，当电气制动断路器合闸后，机端发生三相短路，发电机机端电压为0，短路电流为10倍额定电流，V/F限制无法将励磁电流限制，励磁电流瞬间增大，超过励磁变过流保护设定值，导致励磁变压器过流保护动作，此时发电机内部瞬间产生较大的电磁力矩，导致转子磁极相对脆弱部分（绕组挡块）受到扭力作用受损。

间接原因：转子结构相对薄弱，未能承受发电机内部短路时产生的电磁力矩。

三、暴露问题

（1）监控系统顺序控制流程存在漏洞，监控程序的选择和执行没有超时复位功能，缺少工况执行时间限制保护，也没有目标与条件是否满足的限制或提醒。

（2）机组工况转换频繁，调相压气系统闭锁不完善。机组在抽水并网运行后转抽水调相工况时，压气系统压力不足，虽闭锁了工况转换，但未闭锁工况选择。

（3）日常运维工作不到位，未发现监控程序中存在的漏洞并及时完善。

四、防止对策

（1）完善监控程序，修改抽水→抽水调相、发电→发电调相模式切换条件，在调相压水气罐压力不足时无法执行工况切换；当发出机组停机令时，任何模式均给励磁系统发出停机命令；增加脉冲闭锁，当监控发出门关断命令 10s 后发电机端电压未降至 10% 时，电气制动不投入；在投电气制动开关条件中增加励磁 AVR（自动电压调节）→ MEC（手动）切换完成条件，提高电气制动投入的可靠性；在电气制动回路中增加外部继电器，当频率较低时，机端电压也可实时监视，防止发电机电压大于 10% 时投入电气制动。

（2）加强与调度的沟通联系，避免机组短时内频繁工况转换，根据机组主机及辅助设备性能，与调度商定非紧急情况下机组不同工况之间转换所需最小间隔时间。

（3）做好异常情况应急处理事故预想。发生异常或不能正常进行工况转换，机组不能正常停机时，通过紧急停机按钮停机（此时不投电气制动）。

（4）根据不同情况下磁极绕组的受力情况，改变磁极绕组挡块的结构，以保证磁极绕组可以承受突发情况下的电磁力。

五、案例点评

本案例反映出该抽水蓄能电站监控系统在流程和闭锁条件方面存在很大漏洞，电站技术人员对监控系统的掌握不够全面，不够深入。监控系统作为电站的大脑和中枢神经是电站核心设备中的核心，不论是进口设备还是国产设备，其流程和各类闭锁条件都必须进行严格审查，电站技术人员应该全程参与监控系统的开发和调试，从电站机组设备全局的角度对监控系统程序进行完善。另外，运行值班管理也存在漏洞，未对转换条件不满足、机组非稳定工况停机等非正常情况的处理进行规定。

案例 1-7

某抽水蓄能电站 3 号机组抽水工况运行过程中定子线棒绝缘老化导致短路烧损

一、事件经过及处置

2011 年 9 月 8 日 05 时 46 分，某抽水蓄能电站 3 号机组抽水工况运行过程中，机组电动机差动 I 段跳闸、电动机工况纵联差动保护、定子 90% 接地动作导致机组电气事故停机。3 号机组跳闸后，运维人员现场检查发现 3 号发电机组滑环罩处有烟雾，立即启动发电机着火现场处置方案，关闭 3 号机组上导、推力油槽供油阀门，启动主厂房风机进行排烟，组织对 3 号机组做安全隔离措施。

运维人员读取机组故障录波，判断机组定子绕组 U、V 相短路，最大短路电流为 21kA，短路持续时间 59.4ms。为防止设备次生事故的发生，待 3 号机组风洞内烟雾排净后，将发电机盖板吊运，打开 3 号发电机定子挡风板检查，发现定子 238 槽内上、下层线棒上端部之间接头盒绝缘击穿，上、下层线棒接头有相间短路放电烧损现象，相邻部分定子线棒及绝缘盒有受高温烧损痕迹。3 号机组定子线棒损坏情况如图 1-7-1、图 1-7-2 所示。

图 1-7-1　3 号机组定子线棒 238 槽相间短路故障点

图 1-7-2　3 号机组需进行更换、处理的定子线棒、绝缘接头盒

事件发生后，组织对机组的检修工作，更换了 4 根端头烧损严重的线棒，更换长方形盒 62 个、Z 形盒 25 个、条形盒 21 个，并完成了环氧树脂浇注，对转子励磁钢母线绝缘垫块、绝缘套管打磨及清扫处理。检修完毕后，各项试验合格，机组回装备用。

二、事件原因

直接原因：发电机定子线棒相间短路产生的高温使得故障点周边线棒接头及其绝缘盒受热变形损坏，其内部环氧树脂绝缘材料受高温作用下被碳化。

间接原因：发电机定子槽内上、下层线棒上端部接头盒环氧树脂绝缘老化、碳化导致绝缘被击穿对相邻线棒放电，引起定子相间短路。

三、暴露问题

（1）定子线棒绝缘接头盒环氧树脂浇注工艺不良。原施工单位在进行定子线棒绝缘接头盒浇注环氧树脂时，盒内填料填充量不足，气泡过多、过大，导致散热受到影响，经长期高温运行，加速定子线棒接头盒绝缘材料老化，绝缘性能降低。

（2）设备维护管理不到位。针对定子线棒端部接头盒绝缘性能老化的安全隐患，设备的定期检查不到位，设备健康状态分析不全面、不深入。

（3）设备技术监督工作开展不到位。针对定子线棒接头盒绝缘性能检测，除采用线棒端部表面的电位测量和绝缘泄漏电流测量方法外，缺乏有效的、能够及时发现设备隐患的技术检测手段。对预防性试验数据运行分析不够深入，未能提前发现设备绝缘裂化趋势。

四、防止对策

（1）针对机组投产运行近 20 年及 3 号机组暴露出的定子端部绝缘盒环氧树脂老化问题，进行定子绝缘盒绝缘老化检测，全面认真分析，进一步解决其他机组定子线棒端部接头盒绝缘性能老化的隐患。

（2）强化设备日常维护及隐患排查治理。组织对其他机组定子线棒端部绝缘接头盒进行全面排查，掌握设备状况，及时发现并消除设备隐患。严格按照《国家电网公司水电厂重大反事故措施》(国家电网基建〔2015〕60 号）要求，定期检查定子线棒绝缘盒，不应有空鼓、裂纹和机械损伤、过热等异常现象。适当增加绝缘盒日常外观检查的频次，及时进行预防性试验。

（3）加强技术监督管理工作。通过设备预防性试验，加强对试验数据的运行分析，研究、探讨由于气泡放电造成环氧树脂绝缘老化的检测方法，在绝缘未击穿前，及时发现并处理，预防类似事故的发生。

（4）加强设备安装过程的质量监督及验收。定子线棒绝缘接头盒浇注环氧树脂时，应在现场旁站监督，确保盒内填料填充量充足，无气泡。

五、案例点评

从本案例的分析来看，设备主管部门在设备隐患管控方面存在问题，对存在隐患的设备未定期进行相关数据分析，对设备隐患的发展情况未进行及时评估，设备隐患的管控措施不完善或未有效落实。另外，发电机绝缘方面存在的隐患不能等，要及时通过检修进行治理。

案例 1-8

某抽水蓄能电站 3 号机组抽水工况停机过程因出口断路器故障导致保护动作停机

一、事件经过及处置

2012 年 8 月 1 日 23 时 00 分，某抽水蓄能电站 3 号机组停机，机组保护盘过电压保护动作跳闸，发电机定子 90%、100% 接地保护动作跳闸，3 号主变压器低压侧接地保护动作报警。运维人员拉开 3 号主变压器低压侧隔离开关，对 3 号机组发电机变压器组单元一次设备进行检查，发现 3 号主变压器低压侧电压互感器一次熔断器熔断，3 号机组出口断路器 U 相主触头没有分开。8 月 3 日 14 时 00 分，该电站完成了 SF_6 气体的回收工作，并按照技术方案将该断路器 U 相操作机构打开，最后确认该断路器操作机构与动触头连接的操作连杆脱落，致使 U 相操作机构失灵，断路器 U 相分闸不成功。8 月 5 日 01 时 00 分，该电站进行了 3 号机组出口断路器 U 相操作机构检修工作，05 时 00 分完成了操作机构回装，并进行了抽真空及 SF_6 充气，充气完毕后进行了微水试验、断路器合分闸试验、直阻试验、交流耐压试验。各项试验数据合格。11 时 30 分，断路器检修完毕。断路器操作机构的传动杆、卡销连接部位分别如图 1-8-1、图 1-8-2 所示。

图 1-8-1 断路器操作机构的传动杆

二、事件原因

直接原因：3 号机组抽水停机过程中，断路器操作机构与动触头连接的操作连杆脱落。

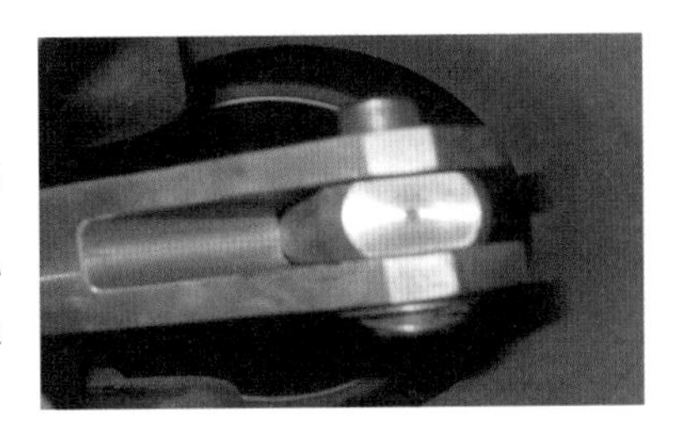

图 1-8-2 传动机构的卡销连接部位

三、暴露问题

（1）设备制造工艺有缺陷。该断路器操作机构动触头连接拉杆与连接销制造工艺存在缺陷，产生气泡，使得该断路器操作机构与动触头连接的操作连杆脱落。

（2）备品备件的管理不到位。对影响设备正常运行的设备，应配备足够的备品备件，以确保事故发生时能够及时抢修或更换设备，保障设备及时恢复系统备用。

四、防止对策

（1）加强对发电机出口断路器的巡视与维护，严密监视断路器的动作次数。

（2）加强断路器成套极柱及操作机构等备品备件的采购。

（3）安排在机组检修期间进行机组出口断路器同期合闸试验，与以往数据进行比较，分析确认断路器操作机构连杆是否松动。

五、案例点评

对本案例暴露问题的分析还存在一些不到位的地方，比如断路器是否按照厂家规定的动作次数或者规范要求进行检查和维保，是否按预防性试验周期要求进行了断路器的特性试验等，设备的制造工艺存在缺陷只是客观原因，从管理上找到主观原因，才能避免类似的情况重复发生。

案例 1-9

某抽水蓄能电站 2 号机组运行过程中定子绕组因绝缘降低发生短路导致跳机

一、事件经过及处置

2014 年 7 月 9 日 01 时 46 分，2 号机组抽水工况运行，机组差动保护动作，机组电气事故停机。2 号机组跳闸后，运维人员现场检查发现 2 号机组发电机滑环罩处有烟雾，立即启动发电机现场着火处置方案，关闭 2 号机组上导、推力油槽供油阀门，启动主厂房风机进行排烟，组织对 2 号机组发电机安全隔离，检查确认发电机定子线棒下端部绝缘槽盒有烧损痕迹。本次事件 2 号机组定子绕组 U、V、W 相短路，最大短路电流为 23kA，短路持续时间 79ms。机组双套差动保护动作。经检查，发电机出口断路器、电压互感器、励磁系统、推力轴承、上导轴承、下导轴承、集电环、发电机风洞内其他设备检查后均未见异常。更换、修复线棒，处理线棒端部封口处密封腻子龟裂（如图 1-9-1、图 1-9-2 所示），完成发电机定子线棒修理，进行相关电气试验正常后恢复备用。

图 1-9-1　发电机定子线棒下端部烧毁

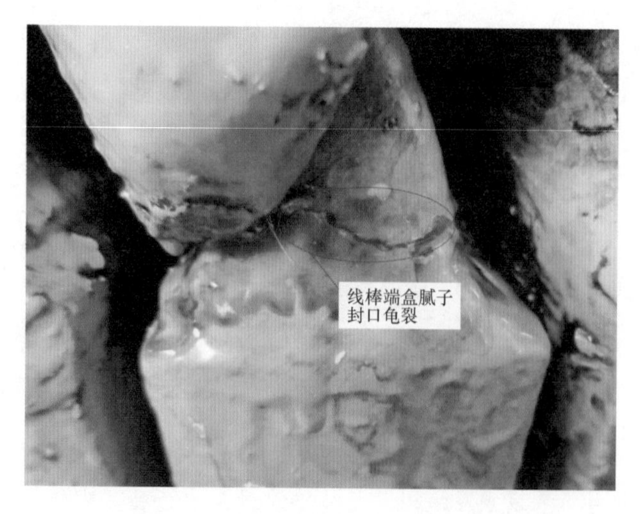

图 1-9-2　发电机定子线棒端盒腻子封口龟裂

二、事件原因

直接原因：定子绕组线棒（W 相）下端并头套与线棒结合部绝缘降低，相继对线棒（V 相）、线棒（U 相）放电，形成短路故障，最大短路电流 23.79kA（W 相），短路产生的高温电火花对故障点周边并头套进一步烧损。

三、暴露问题

（1）设备结构设计存在缺陷。由于发电机定子的双套绕组设计，导致过桥线下的空间狭窄，致使并头套浇注环氧树脂固定时不能将线棒端部完全固定到并头套内，需要用环氧腻子对线棒端部及绝缘盒根部进行密封处理，经过长时间运行，环氧腻子逐渐产生龟裂，导致定子线棒出线口绝缘下降，存在造成相间短路的风险。

（2）对发电机定子存在的问题认识不足，对双绕组机组的技术性能了解深度不足。该电站机组为我国最早的大型抽水蓄能机组，设计结构复杂，未做到深入研究分析其在绝缘处理方面的工艺标准，未及早发现设计存在的缺陷。对定子线棒绝缘老化范围认识不足。

（3）设备管理不精细，线棒检查标准不明确。月度定检工作中检查部位未全部涵盖，对裂痕长度、空鼓情况等检查项目未明确提出标准工艺。线棒检查记录不细致：月度定检报告未列出并头套编号，未明确记录检测方式等信息。设备隐患治理后产生麻痹思想，没有充分认识到绝缘盒与线棒结合部存在的问题。

四、防止对策

（1）对并头套与线棒结合部定期检查，对发现的裂痕用涂环氧胶处理，填充绝缘材料，云母带缠绕。

（2）加强技术监督工作，提高试验标准，缩短试验周期，确定每年开展一次端头电位外移试验。

（3）加强对定子线棒定期检查，及时发现异常现象进行处理。依据《国家电网公司水电厂重大反事故措施》（国家电网基建〔2015〕60号）中6.4.3.2的要求，“应定期检查定子线棒绝缘盒，不应有空鼓、裂纹和机械损伤、过热等异常现象。”

（4）对机组定子绕组、铁芯等部位的温度实时监测，定期对数据进行重点跟踪分析。重新粘贴不可逆式测温贴纸，通过永久性改变色彩和状态显示并头套及跨接连接线的温度，在每月定检时重点对测温贴纸的温度进行检查，发现温度异常的部位及时进行处理。

（5）加强对相关技能人员的业务技能培训，提高业务技能水平；加强有关安全知识的培训，提升安全意识。

五、案例点评

从本案例暴露的问题可知，出现问题的机组是一台我国最早的大型抽水蓄能机组，“老”机组出现老化和损坏的可能性更大，因此需要运维检修部门“多操心”，日常的检查和数据分析要更完善，机组的定检要更细致、更全面，预防性试验的周期要适当缩短，试验项目要考虑得更周全。另外，针对结构性的缺陷，应考虑适时通过改造彻底消除。

案例 1-10

某抽水蓄能电站 SFC 输入变压器高压侧电缆绝缘降低导致 500kV 断路器跳闸

一、事件经过及处置

2015 年 1 月 22 日 23 时 34 分，某抽水蓄能电站 3 号机组抽水工况启动时，2 号主变压器低压侧接地保护动作导致 500kV 线路断路器跳闸，1、2 号主变压器失电，机组启动失败。

3 号机组停机稳态后，操作人员对相关设备进行安全隔离操作，运维人员对 3 号机组、SFC 系统、2 号主变压器进行检查未见异常，对相关电气回路进行绝缘测量，发现 SFC 1 号输入断路器到输入变压器间电缆的 V 相绝缘异常，进一步查明该相中的一根电缆绝缘电阻远小于其他电缆，经排查发现故障点在 SFC 输入变压器附近，解剖电缆终端发现电缆主绝缘一圈已基本碳化（如图 1-10-1 所示），导致对屏蔽层放电。购买新电缆头，调整电缆走向，通过增加过渡排措施，重新制作安装电缆头，试验合格后投运。对其他电缆头固定部位的受力情况进行专项检查，降低电缆终端受力。

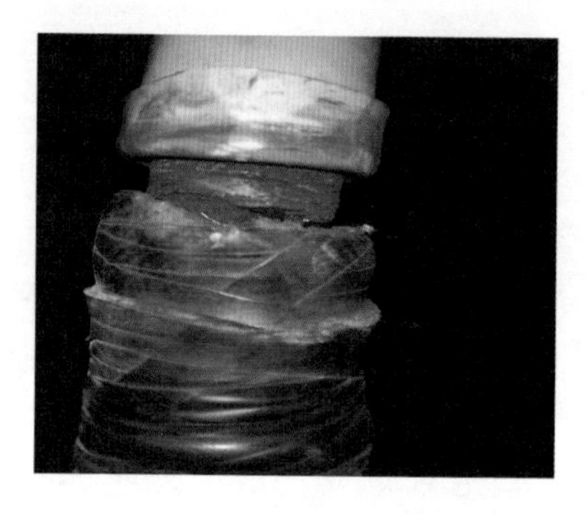

图 1-10-1 碳化的电缆主绝缘

二、事件原因

直接原因：制作安装工艺不到位，导致电缆终端始终处于受力状态，通电后电缆终端局部放电，主绝缘逐渐恶化碳化，电缆绝缘降低导致保护动作。

三、暴露问题

（1）施工期，业主、监理和施工单位对电缆终端制作安装质量管控不力。

（2）SFC 输入断路器至输入变压器电缆通道走向复杂，导致施工期敷设工艺控制不到位，同时因电缆长度的余度不足等原因整改难度大，未及时整改。

（3）日常巡视、维护不到位。

四、防止对策

（1）新制作安装电缆终端头要严格把控电缆终端制作安装工艺。建设单位要按照国家标准《电气装置安装工程 电缆线路施工及验收》（GB 50168—2006）及厂家说明书进行现场监督检查，以防因工艺不当留存隐患，对电站安全生产造成影响。

（2）举一反三，对全厂电缆终端头运行情况进行全面排查整治。

（3）加强日常维护检查，定期进行预防性试验，对易导致电缆破损位置进行主动防护。

五、案例点评

该案例对暴露问题的分析存在不到位的情况，对电站技术管理方面存在的问题涉及较少，电缆终端绝缘情况的恶化非“一日之功”，若电缆的预防性试验按要求及时开展，对预防性试验的数据及时进行分析，电缆终端绝缘情况恶化的趋势是不难发现的，不应一味地分析施工期各方责任，而对生产运行期技术管理方面存在的问题轻描淡写。在日常运维过程中，应定期开展电缆预防性检查试验，加强日常红外温度检测，及早发现并处理绝缘降低等异常情况。

案例 1-11

某抽水蓄能电站 4 号机组抽水调相启动过程中定子线棒烧损导致机组启动失败

一、事件经过及处置

2015 年 9 月 22 日 20 时 39 分，某抽水蓄能电站 4 号机组抽水调相工况启动至 98% 额定转速时，机组差动保护动作，4 号机组电气停机。

20 时 40 分，值守人员检查主厂房 4 号机组段有烟气冒出，根据报警信息及发电机至主变压器封闭母线排查情况，初步认定故障点在发电机风洞内，向调度申请 4 号机组转检修处理。经检查，此次故障中共损坏 9 根定子线棒，其中上层线棒损坏 3 根，下层线棒损坏 6 根，第 14、15 槽下层线棒下部异相并连接头绝缘盒烧损严重，第 11、12 槽上层线棒下部以及第 25、26 槽下层线棒下部均有电磁线不同程度烧断现象，线棒损坏情况如图 1-11-1、图 1-11-2 所示；多根线棒端部或附近受损变形；消防环管存有多处放电引起的点状烧痕。

图 1-11-1 4 号机组发电机定子线棒损坏情况（一）

图 1-11-2 4 号机组发电机定子线棒损坏情况（二）

运维人员将受损严重的线棒（电接头股线烧断 3 根及以上）全部进行更换处理。对于端部弯曲变形的线棒，采用端部校正进行处理。采用手包方式完成电接头的绝缘包扎。对处理过程中所有拆出的线棒进行清理和绝缘加固。缺陷处理完成后各项试验正常，机组恢复备用。

二、事件原因

直接原因：机坑内存在“导电物体 / 物质”或“高导电性灰尘”，形成了放电通道，引发单相对机座槽钢尖端放电，闪弧后空气的导电性进一步增强，进而引发相间、三相短路，造成定子线棒烧损。

间接原因：部分发电电动机定子线棒端部绝缘盒安装质量未达到工艺标准要求，线棒端头嵌入绝缘盒深度不够，导致线棒端头电气安全距离缩短。

事件扩大原因：发电电动机定子线棒端部绝缘采取开放式绝

缘盒，该方式抵抗因运行环境（如水、油污、粉尘、导电物质等）不良而引发短路故障的能力较差。

三、暴露问题

（1）线棒端部支撑环固定角铁与线棒端部距离较近，特殊情况下容易导致线棒对角铁放电形成接地短路故障。

（2）发电机风洞内电缆及固定件卡箍为塑料材质，使用螺母固定，已使用较长时间，存在松脱掉落在发电机内造成事故的风险。

（3）发电机检修维护检查、试验工作力度不够，线棒端部检查清扫不彻底。

四、防止对策

（1）按照《立式水轮发电机检修技术规程》（DL/T 817—2014）中6.2.1“（a）定子绕组端部及支持环绝缘应清洁、包扎密实；（b）定子绕组接头绝缘盒及填充物应饱满”的要求，通过检修彻底解决绝缘盒设计缺陷，对并接头绝缘工艺进行改进，将定子线棒并接头绝缘盒改为手包绝缘，待条件成熟时逐台实施。

（2）将靠近定子线棒支撑环固定角铁处的三根线棒进行绝缘加长，在角铁表面形成一层厚绝缘。

（3）对风洞内电缆进行治理，重新敷设，优化电缆路径，并加装电缆槽盒，增加电缆与线棒间的距离，将原电缆卡拆除，新电缆卡全部采取焊接固定的方法，彻底消除掉落风险。

（4）加强发电机日常巡视检查力度及运行数据监视分析。运行期间密切监视发电机各温度测点温度，各振动测点振动摆度，空冷器进出水及空气温度，发电机负荷、电压、电流等数据，并做好日常分析，发现异常问题及时检查处理。完善发电机定期检查项目，严格执行项目执行和验收工作程序，将发电机端部线棒接头及其绝缘、电接头焊接部位列入重点检查项目。对异物进行仔细排查，及时清理线棒绝缘盒内电接头、绝缘表面油污和灰尘。检查发电机内外风洞运行环境、空冷器、油盆等运行情况，发现问题及时处理。深入开展发电机性能试验，进行性能评估。

（5）加强风洞施工期间管控措施，严格执行风洞登记制度，专人监护严格把关，在做好人和物进出入管理的同时，对文明施工情况加强管理，对容易产生灰尘、油污、废料等工作做好防护，并作好风洞内部清理工作，保持发电机运行环境无灰尘、无油污、无异物，为发电机运行提供良好的内部环境。

五、案例点评

本案例反映出电站技术人员对发电机定子端部绝缘的重要性认识不足，未意识到开放式绝缘盒存在的隐患，加之多年来发电机运行正常未出过任何问题，放松了发电机端部绝缘可能存在隐患的警惕，致使隐患不断发展成设备损坏事件。另外，也反映出电站技术人员对机组保护的设置和动作逻辑掌握不全面，未能及时发现断路器失灵保护逻辑存在的问题，导致了事件的扩大。

从各电站发生过的进口设备的问题来看，盲目相信进口设备设计和制造的合理性，对进口设备的设计和制造不进行严格审查和监造是不可取的。

案例 1-12

某抽水蓄能电站 4 号机组停机备用期间转子引线灼伤造成机组退出备用

一、事件经过及处置

2016 年 2 月 3 日凌晨，某抽水蓄能电站 4 号机组停机备用期间，监控系统出现转子一点接地报警，4 号机组预启动条件不满足。现场值班人员立即对 4 号机组进行隔离，拆除上端轴轴顶封堵盖板后，检查发现正极转子引线与下端穿轴螺杆连接处有金属灼伤痕迹。表面绝缘胶带层已过热炭化，方形铜螺母、连接处的转子引线铜排表面已全部变为暗褐色，并存在灼烧痕迹（如图 1-12-1 所示）。

运维人员拔下碳刷，分段对转子励磁回路进行绝缘排查，发现从励磁功率柜至集电环间励磁大线绝缘正常，集电环至转子磁极引线及转子磁极绕组绝缘为 0.3MΩ。拆解分离转子引线和连接螺栓，单独测试转子引线及转子绕组绝缘电阻正常。清理故障点灼伤产生的金属残渣，并进行打磨平整处理。加工定制

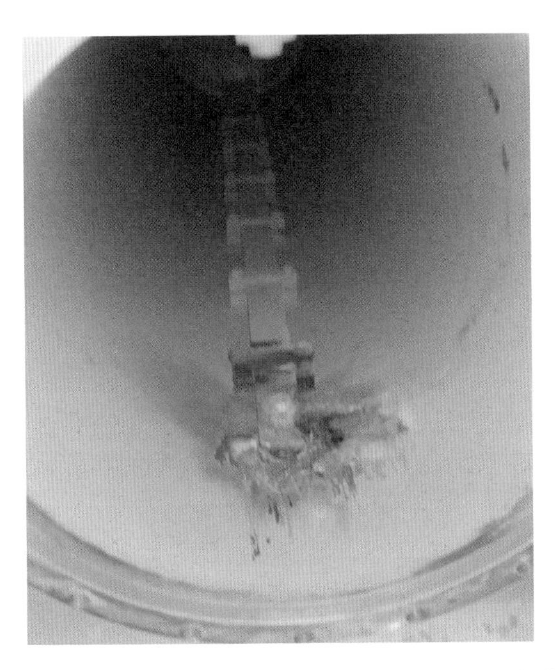

图 1-12-1　正极转子引线与下端穿轴螺杆连接处有金属灼伤痕迹

螺栓、螺母及绝缘套筒、绝缘端盖。截断受损的 40cm 铜排，采用银焊对接，并在铜排底部螺栓把合面进行镀锡处理，铜排表面进行绝缘包扎，涂绝缘漆。测试处理后的转子引线铜排直流电阻为 0.041MΩ。回装转子引线铜排、方形螺母、铜螺杆及绝缘套管等（如图 1-12-2 所示），测试转子绝缘电阻为 28.7MΩ，直流电阻为 91.54MΩ，绝缘电阻、直流电阻接近上一年度机组检修测试值。对机组进行零起升压试验，试验正常，机组恢复备用。

二、事件原因

直接原因：方形铜螺母与正极转子引线接触不良，导致运行温度过高，局部区域过热溶解，溶解的铜水随机组转动飞溅依附于大轴内壁，导致大轴内表面绝缘胶带层过热碳化，加之大轴内表面碳粉积存，形成放电通道，最终导致转子引线正极接地。

图 1-12-2 处理后的正极转子引线

间接原因：大轴密封不良，碳刷产生碳粉在上端轴内积聚，辅助形成放电通道。

三、暴露问题

（1）转子引线布局、结构设计不完善。

（2）日常维护不到位。大轴上端安装轴封堵盖板后，对轴内积存碳粉的清理频次偏少，日常维护质量不高。

四、防止对策

（1）积极开展调查研究，改善转子引线结构设计，考虑不使用穿轴螺杆结构。

（2）提高大轴的密封性，同时结合机组定期检修，打开上端轴封堵盖板，检查内部转子引线连接部件，清除积存碳粉。

（3）按照《立式水轮发电机检修技术规程》（DL/T 817—2014）的要求，完善转子引线部分检修工艺及质量验收标准，提高质量验收等级，保证转子引线固定、绝缘完好。

五、案例点评

设备事件发生前，往往会有一个问题长期积累的过程，设备运维单位要对这个过程有清醒的认识，并抓住时机采取有效的应对措施，要定期对设备进行的检查和维护，尤其要通过各种技术手段加强对隐蔽部件的检查和维护，及时发现和消除设备缺陷和隐患，保证机组的安全稳定运行。

案例 1-13

某抽水蓄能电站 3 号机组抽水停机过程中磁极连接片绝缘破损导致转子接地保护动作事故停机

一、事件经过及处置

2016 年 2 月 17 日 04 时 28 分，某抽水蓄能电站 3 号机组抽水停机过程中发电机 B 组保护盘转子接地保护动作，机组执行电气事故停机流程。

机组停稳后，运维人员测得 3 号机组转子本体绝缘值为 0MΩ，确定接地点在转子本体处，经分析判断查找转子磁极接地点，最终锁定故障位置为 6 ~ 7 号磁极回路。拆除 6 号磁极和 7 号磁极间连接片进行详细检查，发现连接片的绝缘破损如图 1-13-1 所示，接触到旁边的固定螺栓，从而造成了转子的金属接地，磁极连接片连接方式如图 1-13-2 所示。

运维人员拆除磁极连接片，去除破损的绝缘包敷，打磨抛光，去除铜屑，使用玻璃丝带浸泡环氧胶对 U 形连接片进行缠绕，将绝缘处理后的 U 形连接片进行风干固化、耐压试验，结果符合标准要求。使用黄蜡管包裹并安装，对转子绝缘、直流电阻进行测试并与上次检修值进行对比满足标准要求。

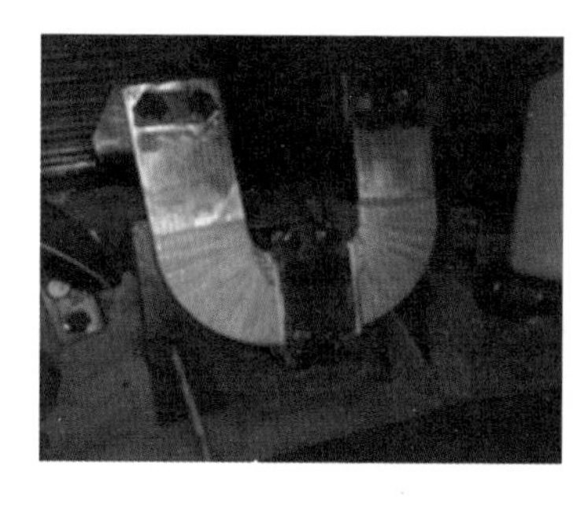

图 1-13-1　绝缘破损情况

图 1-13-2　磁极连接片连接方式

二、事件原因

直接原因：磁极间连接片绝缘破损，接触到旁边的固定螺栓，从而造成了转子的金属接地，导致转子接地保护动作。

三、暴露问题

（1）磁极连接片存在设计缺陷，固定方式有待优化。磁极间连接片卡槽宽度偏窄，磁极间连接片现场制作工艺不良，机组运行时振动以及转子长期受离心力的影响，卡槽边缘与连接片磨损，造成磁极间连接片绝缘破损。

（2）检修及维护人员对隐蔽部位的检查不到位。运维人员缺乏对隐蔽部位检查维护的技术手段，未及时发现故障。

四、防止对策

（1）依据《立式水轮发电机组检修技术规程》（DL/T 817—2014）中 7.3.1 的要求，“磁极接头无松动、断裂、开焊，接头紧固螺丝与绝缘夹板应完整无缺，螺栓连接的磁极接头，固定螺栓应紧固。”优化磁极连接片固定方式，采取防切割、防摩擦措施，确保磁极连接片正常平稳运行。

（2）依据《国家电网公司水电厂重大反事故措施》（国家电网基建〔2015〕60 号）中 6.5.3.2 的要求，“应定期全面检查转动部件，重点检查磁极挡块、磁极连接线、磁极绕组、挡风板、汇流排连接线等异常变化情况。”加强对磁极连接片的检查维护，通过绝缘测量、红外测温等技术手段，加强对隐蔽部位的检查维护。

五、案例点评

抽水蓄能机组具有转速高、离心力大等特点，这对转子各部件的刚度、强度都提出了更高的要求，要优化转子各连接部件固定方式，从源头消除转子各部件发生故障的可能。本案例还暴露出在设备的日常管理方面出现了问题，绝缘的磨损绝非短时间内造成的，机组检修或者定检时对发电机转动部件的检查还存在盲区，表明技术人员对设备结构的掌握还不全面，对设备结构性缺陷可能引发的问题认识不足。另外，设备结构性缺陷应适时通过改造彻底消除。

案例 1-14

某抽水蓄能电站 3 号机组发电运行过程中转子磁极软连接铜片撕裂造成机组事故停机

一、事件经过及处置

2016 年 3 月 24 日，某抽水蓄能电站 3 号机组月度定检后，发电工况带 200MW 负荷运行试验，19 时 48 分，3 号机组发电机转子接地保护动作，机组电气事故停机。

现场检查发现，3 号机组发电机变压器组保护装置 A、B 套保护均有转子接地保护报警和跳闸信号，3 号机组故障录波有转子接地保护动作信号。对 3 号机组发电机转子及其励磁回路进行绝缘检查，绝缘电阻合格。对 3 号机组发电机转子整体进行进一步检查，发现转子 2 号磁极长软连接侧最底层一片软连接铜片撕裂，搭接在阻尼拉杆上。同时发现 1 号磁极长软连接侧最底层一片软连接铜片存在横向裂纹。经综合分析，初步判断该转子磁极软连接撕裂后，在机组运行过程中搭接到接地的阻尼拉杆上造成转子接地，转子接地保护动作跳闸停机。

将机组隔离后，对故障部位进行处理。去除故障部位磁极软连接并将根部断茬打磨平整，与厂家沟通后，采取用玻璃丝带浸环氧胶绑扎的方法，分别在软连接的两端和中间位置，半叠绕绑扎浸胶玻璃丝带4圈（如图1-14-1所示）。

对转子磁极表面用吸尘器进行清扫。盘车检查未发现其他异常。连接处理完成后，测量转子对地绝缘电阻为987MΩ。隔离措施恢复后，抽水工况试验运行成功，机组运行正常。

图1-14-1　采用玻璃丝带绑扎浸胶方法处理后的软连接

二、事件原因

直接原因：转子磁极软连接铜片撕裂后，在机组运行过程中搭接到接地的阻尼拉杆上造成转子接地。

三、暴露问题

（1）设备存在老化现象。由于转子运行多年，磁极软连接存在老化疲劳问题，造成在转子运行过程中，处于迎风面的软连接片出现撕裂问题。

（2）设备设计存在缺陷。转子磁极引线软连接在设计上存在不足，在容易出现裂纹的根部位置承受的应力较大，导致从根部位置撕裂的可能性增大。

四、防止对策

（1）根据《国家电网公司水电厂重大反事故措施》（国家电网基建〔2015〕60号）中6.5.3.2的要求，“应定期全面检查转动部件，重点检查磁极挡块、磁极连接线、磁极绕组、挡风板、汇流排连接线等异常变化情况。”将转子磁极软连接的检查项目列入机组D级检修和月度定检项目中，定期检查环氧玻璃丝带的绑扎情况，软连接是否存在裂纹及过热现象。

（2）根据《国家电网公司水电厂重大反事故措施》（国家电网基建〔2015〕60号）中6.5.1.2的要求，“磁极连接线应采用柔性连接或其他抗疲劳结构，连接线的受力情况要经计算分析安全可靠后方可使用。”改进设计方面的不足，增加连接部位承压能力。

五、案例点评

案例中对本次事件暴露问题的分析还存在不到位的地方，磁极软连接在设计方面存在的缺陷和设备老化的问题不可否认，但是设备主管部门在设备管理方面存在的发电机转动部件检查不细致、不全面，发现问题后处置措施不得当、不彻底的问题还是比较突出的，应该重点在这方面进行反思。另外，针对结构性的缺陷，应考虑适时通过改造彻底消除。

案例 1-15

某抽水蓄能电站 4 号机组运行过程中励磁主回路软连接断裂导致跳机

一、事件经过及处置

2016 年 3 月 29 日 12 时 36 分，某抽水蓄能电站 4 号机组抽水工况运行，监控系统报“定子或转子接地保护动作”，监控系统启动自动停机流程，4 号机组抽水转停机。

现场检查发现励磁钢母线之间铜质软连接在转子 9 号磁极附近熔断并将绝缘垫块烧灼，如图 1-15-1 所示；铜质融化物在转子 10 号磁极附近 2 块绝缘垫块处产生烧灼痕迹，如图 1-15-2 所示。

处置过程：

（1）将转子 10 号磁极处烧黑的绝缘垫块进行更换，对软连接融化产生的熔融物进行彻底清理。短时间内因无软连接备品备件，临时使用铜排替代断裂的软连接，使机组在 24h 内恢复备用。临时铜排安装完成后情况如图 1-15-3、图 1-15-4 所示。

（2）备件到货后，进行了更换，对转子进行电气性能试验；

对更换后的软连接接触电阻及电流发热测试，试验测试合格，如图 1-15-5、图 1-15-6 所示。

图 1-15-1　9 号磁极附近熔断及绝缘垫块烧灼

图 1-15-2　10 号磁极附近烧灼痕迹

图 1-15-3　临时铜排安装完成后图片（一）

图 1-15-4　临时铜排安装完成后图片（二）

二、事件原因

直接原因：软连接在两端钢母线交变应力作用下发生局部“脆断”，软连接上流过的电流全部由剩余连接部分承载，造成软连接通流能力降低，温度升高，使铜金属不断老化。当软连接脆断间隙逐渐增大，形成间隙瞬间放电现象，放电使得软连接断口熔化，融铜甩出至钢母线造成转子接地保护动作。

图 1-15-5 最终更换的辫式软连接（一）

图 1-15-6 最终更换的辫式软连接（二）

间接原因：软连接在最初安装时已经存在应力集中点，该应力集中点为软连接压接根部，同时软连接所用的铜材质在运行通流发热时易氧化，物理性能发生变化，脆性增加，随氧化程度的增加，在机组转动部件应力作用下产生脆断现象。

三、暴露问题

（1）磁极连接线只采用两颗螺栓固定，有效搭接面积小，运行中受机组振动影响，接触电阻增大，导致连接处发热，加速软连接材料性能劣化。

（2）运维人员相关技术标准掌握不足，施工工艺及管理要求不严，未及时发现并消除软连接应力集中的隐患。

（3）运维人员定期工作、检修项目执行标准不严、转子连接部件设备检查不到位、不细心，未及时发现软连接材质性能劣化及断裂趋势。

四、防止对策

（1）磁极连接线连接部位宜镀银处理，磁极连线接触面紧固螺栓不少于3个，且不宜一字型排列；施工安装时，应确保接触面平整，接触牢固，螺栓紧固力达到标准要求，并采取可靠的防松措施。

（2）从管理环节上加强闭环监督管理，深刻借鉴典型事故经验教训，做到举一反三，深刻查找设备问题，及时消除设备隐患。

（3）完善作业手册，制定定检及日常维护标准作业卡，加大老旧设备的维护力度及频次，严格落实检修质量责任追踪制度，压紧压实各级人员责任。

（4）加强运维人员专业技能、业务水平的培训，强化设备主人责任意识。

五、案例点评

抽水蓄能机组高强度运行已成为新常态，频繁的启停和工况转换使机组转动部件的老化和损坏周期大大缩短，电站运维检修部门应适应新常态，及时调整机组运维检修策略，根据机组运行强度，适当缩短定检周期，对转动部件的检查应该做到全覆盖、无死角，及时发现和消除缺陷隐患。同时，对运行中发现的结构性缺陷应适时安排进行技术改造，彻底消除隐患。

案例 1-16

某抽水蓄能电站 1、2 号机组发电运行过程中 1 号励磁变压器低压侧密集型母线短路导致保护动作跳机

一、事件经过及处置

某抽水蓄能电站采用一机一变方式布置，1、2 号主变压器高压侧共用一组断路器。2016 年 4 月 15 日 09 时 24 分，该电站 1 号机组发电工况带 250MW 负荷运行，2 号机组发电工况带 150MW 负荷运行，1 号励磁变压器过流保护动作，跳主变压器各侧断路器，1、2 号机组电气跳机。

事件发生后，该电站向调度申请将 1 号主变压器转检修以检查处理故障。运维人员现场检查发现，1 号励磁变压器低压侧密集型母线排一连接处出现短路（故障点在 1 号母线洞进人门附近右侧墙壁上方），故障点母线槽已烧毁，烧损情况如图 1-16-1 所示。

运维人员读取故障录波进行分析得出：故障初期，1 号机组

励磁交流母线电源 W 相电流异常增大，导致绝缘损坏并最终使励磁母线三相短路。1 号励磁变压器过流保护动作时励磁变压器高压侧三相电流（一次值）分别为 1.01kA、1.09kA、1.05kA，1 号励磁变压器过流保护设定值为 190A，延时 1s 出口动作，保护正确动作。

图 1-16-1 1 号励磁变压器低压侧密集型母线槽烧毁情况

运维人员对 1 号机组励磁密集型母线故障点进行拆除，更换新母线排，对励磁母线整体做摇绝缘试验，数据合格。对 1、2 号机组发电机进行隔离，对挡风板、阻尼绕组、励磁引线、磁极引线等部位的螺栓和锁片以及转动部件焊缝做详细检查，无异常；对机组水车室机械部件、油压管路进行检查、紧固，无异常。对 1 号机组励磁系统在厂家技术人员的指导下进行检查，功能测试正常，励磁小电流试验结果正常。

2016 年 4 月 16 日 04 时 48 分，1、2 号主变压器恢复运行，1、2 号机组恢复备用。

二、事件原因

直接原因：励磁密集型母线排长期运行时，在周围环境如振动、电磁力等因素的影响下使接头连接螺栓松动、压紧力不足，导致母线排接头过热短路烧毁。

三、暴露问题

（1）螺栓防松动措施不完善。励磁密集型母线分段连接螺栓防松动措施不完善，安装时未考虑运行环境影响。

（2）安全技术培训不到位。励磁变压器低压侧密集母线为半封闭式母线，运维人员对设备情况掌握不到位，未意识到该母线需要定期对连接装置进行检查。

四、防止对策

（1）依据《立式水轮发电机检修技术规程》（DL/T 817—2014）的要求，对机组励磁变压器低压侧密集型母线连接装置压紧螺栓开展检修，结合机组检修对螺栓进行清扫、检查、紧固及试验，螺栓连接时，应考虑设置防松螺帽或防松垫片，确保母线连接螺栓有压紧力。

（2）加强机组励磁变压器低压侧密集型母线的检查维护工作，定期开展绝缘试验、红外测温，对母线连接装置发热情况进行监测。

（3）设备投入运行前应加强对运维人员技术培训，提高设备的运维水平。

五、案例点评

本次设备事故反映出该电站在设备管理、技术管理方面存在漏洞。设备管理不严谨，技术人员对设备的结构不熟悉、不掌握，想当然地认为密集母线是封闭型免维护母线，未对母线结构进行细致地研究和实地查看。技术管理不到位，“免维护”不是“免”管理，必要的定期检查和预防性试验是不能免的。你对设备“不关心”“不细心”，设备就会让你“多操心”“操碎心”。

案例 1-17

某抽水蓄能电站 1 号机组停机过程中转子磁极引线绝缘托盘开裂造成机组退出备用

一、事件经过及处置

2016 年 7 月 2 日，某抽水蓄能电站 1 号机组在背靠背启动过程中作为拖动机组启动，00 时 34 分 1 号机组完成拖动后，发电机转子接地保护动作停机。

运维人员检查 1 号机组故障录波，有转子接地保护动作信号；检查 1 号机组发电机变压器组保护装置，A、B 套保护均有转子接地保护报警和跳闸信号。测量 1 号机组发电机灭磁断路器下口到转子、励磁电缆到灭磁断路器间的电缆，绝缘电阻在正常范围内。测量转子绝缘电阻合格。将励磁电缆两端断开，分别测量刷架、电缆（8 根）、灭磁断路器下口的绝缘电阻合格，灭磁断路器上口及直流母排的绝缘电阻合格。

对 1 号机组发电机转子整体进行盘车检查，转子磁极软连接无异常。对转子各部进行检查，未见异常，用窥镜对转子隐蔽性部件进行检查，如图 1-17-1 所示，发现转子 1、12 号磁极引线连接铜排下的绝缘托盘两端有明显开裂。开裂处进入碳粉、油泥等杂质，导致出现爬电现象，造成转子接地，对开裂绝缘板进行了更换。

图 1-17-1　转子磁极软连接现场图

同时，由于 1、12 号磁极的绝缘板只有两颗螺栓把合，比通用的绝缘托板备件少一个螺栓孔，在托板装好后，将其多出的中间螺栓孔用环氧胶进行密封，以防杂质进入，如图 1-17-2 所示。

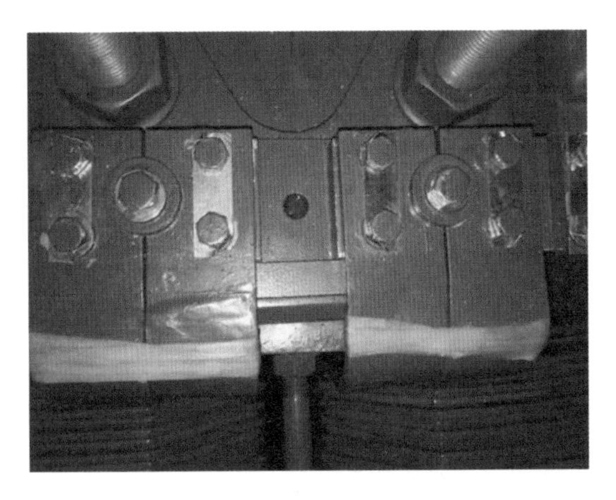

图 1-17-2　处理后转子磁极软连接

对转子磁极表面用吸尘器进行清扫，盘车检查无异常，对1号机组在不同转速下的绝缘电阻进行测量，正常后机组恢复备用。

二、事件原因

直接原因：转子1、12号磁极引线连接铜排下的绝缘托盘两端开裂，碳粉、油污进入绝缘块裂缝，导致爬电引起接地故障。

三、暴露问题

（1）运行维护不到位。依据《国家电网公司水电厂重大反事故措施》（国家电网基建〔2015〕60号）中6.5.3.2的要求，“应定期全面检查转动部件，重点检查磁极挡块、磁极连接线、磁极绕组、挡风板、汇流排连接线等异常变化情况。”运维人员对隐蔽部位维护不到位，未采取任何手段加强隐蔽部位的检测。

（2）未及时对设备维护清扫。依据《国家电网公司水电厂重大反事故措施》（国家电网基建〔2015〕60号）中6.5.3.3的要求，“应定期检查发电机集电环及碳刷等部件，防止因碳粉积累引起转子回路绝缘下降。”运维人员应对定期对集电环等部件进行清扫。

四、防止对策

（1）依据《立式水轮发电机组检修技术规程》（DL/T 817—2014）中7.3.3的要求，“转子引线经检修后应符合下列要求：a）绝缘应完整良好，无破损及过热。b）引线固定完好，固定夹板绝缘良好，固定牢靠，无松动。”加强设备的计划检修，对使用年限较长，易老化、破损的部件，应及时进行更换。

（2）加强设备维护清扫，定期清扫转子回路，利用绝缘测量等技术手段对隐蔽部位开展检测。

五、案例点评

“细节决定成败”，有时事故的发生就是起于这些不起眼的“微尘”。本案例反映出日常检修维护工作的重要性，发电机转动部件在长期运行过程中出现老化、损坏是不可避免的，我们能做到的就是及时发现和处理。目前抽水蓄能机组高频次启动、长时间运行已经成为常态，摸索新常态下机组出现缺陷的规律，及时调整检修和维护策略，扩大转动部件检查的范围，尽可能做到全覆盖、无死角，才能确保机组的正常运行。

案例 1-18

某抽水蓄能电站 2 号机组发电运行过程中 SFC 1 号输入断路器电流互感器损坏造成保护动作跳机

一、事件经过及处置

2016 年 8 月 2 日，某抽水蓄能电站 1 号机组停机备用，2 号机组带 150MW 负荷发电工况运行。

14 时 52 分，1 号主变压器差动保护 A、B 套动作，SFC 1 号输入断路器（SFC 1 号输入断路器连接在 1 号主变压器低压侧）保护装置过流保护动作，跳各侧断路器（含 1、2 号主变压器高压侧共用一组断路器），2 号机组带负荷跳机。

15 时 09 分，运行人员检查确认 1 号主变压器 A、B 套差动保护动作、SFC 1 号输入断路器保护装置过流保护动作，对 1 号主变压器差动保护范围内一次设备进行全面检查，发现 SFC 1 号输入断路器柜后柜门有明显变形迹象（如图 1-18-1 所示）。做好现场安全隔离措施后，打开 SFC 1 号输入断路器柜门，发现输入断路器柜内壁挂式 V 相 TA 表面有裂纹和明显放电痕迹（如图 1-18-2 所示），同时发现柜内环境较潮湿，TA 和母线铜排上有细密水珠。继保人员查看 SFC 1 号输入断路器保护装置故障前后波形（如图 1-18-3 所示）、1 号主变压器差动保护装置故障前后波形（如图 1-18-4 所示），判断 SFC 1 号输入断路器 V、W 相壁挂式 TA 相间短路，最终演变为三相接地短路，进而导致 1 号主变压器差动保护动作。

图 1-18-1　SFC 1 号输入断路器 05 柜后柜门变形

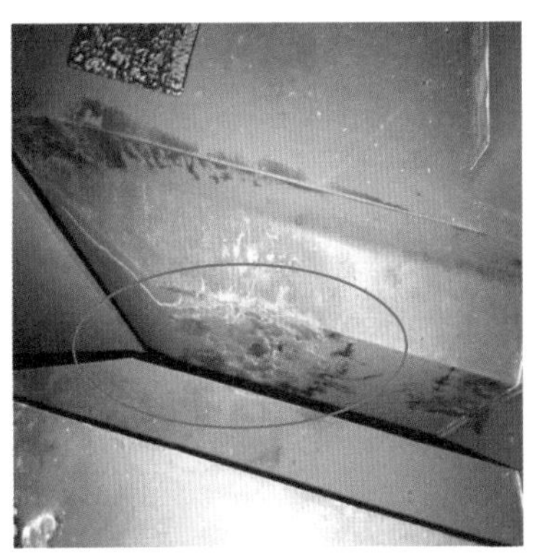

图 1-18-2　SFC 1 号输入断路器 V 相 TA 裂纹

组织对故障相 TA 进行绝缘电阻测量，绝缘电阻为 0，确认该 TA 绝缘异常。更换 TA，试验数据合格后送电，设备运行正常。

二、事件原因

直接原因：SFC 1 号输入断路器壁挂式 TA 受潮，绝缘水平下降，发生相间闪络并短路，引起主变压器差动保护动作。

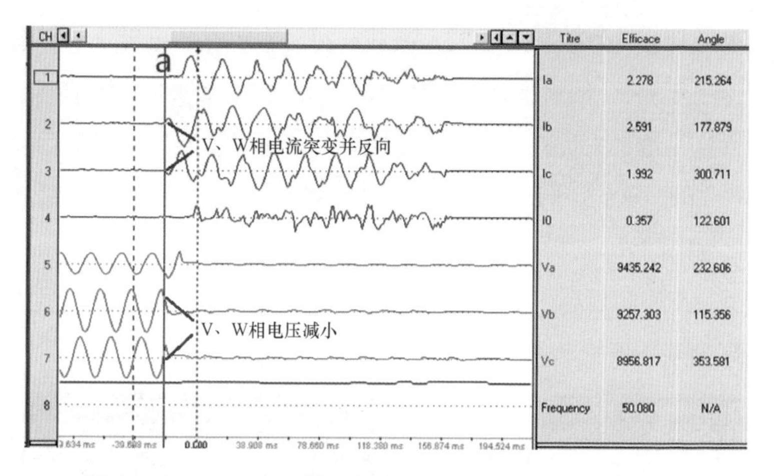

图 1-18-3　SFC 1 号输入断路器 05 保护装置故障前后波形

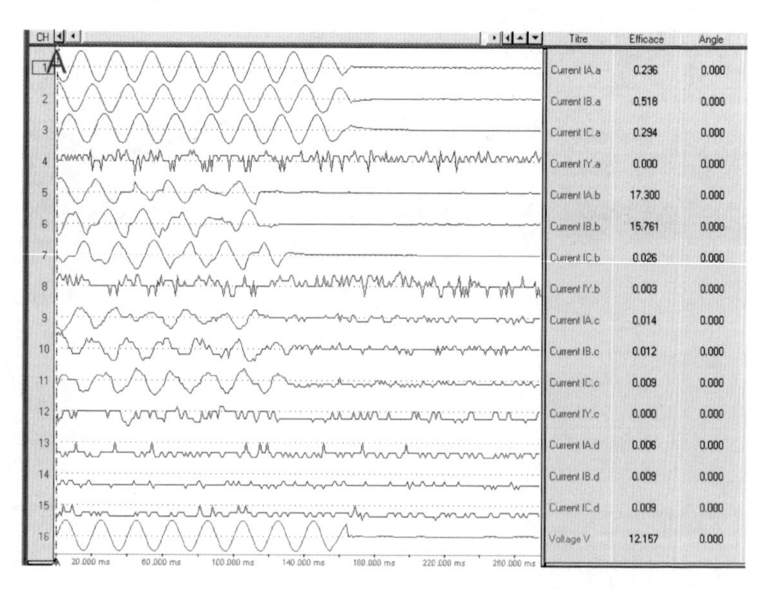

图 1-18-4　1 号主变压器差动保护装置故障前后波形

间接原因：防火封堵不严、设备运行环境潮湿导致盘柜内设备绝缘降低、盘柜内部设备布置过于密集在绝缘降低的情况下易发生放电。

三、暴露问题

（1）设备运行环境不佳。开关柜底部防护封堵不严，导致潮湿空气进入盘柜内部，引起电气设备绝缘性能降低。

（2）设备运行维护管理不到位。日常运维对 SFC 盘柜内部环境检查不到位，未及时发现柜内受潮情况并采取有效措施。

（3）技术监督管理不到位。未结合定期开展的电气预防性试验对设备性能进行深入分析，未对设备劣化趋势做出准确评估。

四、防止对策

（1）改善设备运行环境。对开关柜底部进行封堵完善，柜内安装自动温控装置，并根据季节及环境的特点，优化通风空调系统运行方式。

（2）加强设备维护管理。根据《抽水蓄能机组静止变频装置运行规程》（DL/T 1302—2013）中 4.1.3、4.1.7、4.2、4.3、6.1.4 的要求，“静止变频装置（SFC）变频单元、输入 / 输出单元定期进行检查与维护，并按期进行电气预防性试验，检查、维护与试验项目齐全，设备工作正常、试验结果合格。”完善定期工作项目，加强日常巡检，对重要参数的发展趋势进行分析和控制。

（3）加强技术监督管理。严格执行《水电站电气设备预防性试验规程》（Q/GDW 11150—2013）SFC 输入断路器要求，加强试验数据的比对分析，认真研判设备健康水平，及时采取相关控制措施。

五、案例点评

电站基建安装期遗留的隐患往往会对机组和设备运行造成影响，这些隐患往往是由施工质量差，验收不严格造成的。电站在基建转运行阶段应该有意识地组织运维人员参与设备的验收，有计划地进行防火封堵等基本施工要求的排查和整改，为机组设备转运行创造好的条件。另外，高压电气设备的巡检工作，要特别注意环境温、湿度的变化，避免因运行环境不良导致设备性能下降。

案例 1-19

某抽水蓄能电站 2 号机组抽水工况母线放电造成 2 号主变压器差动保护动作导致跳机

一、事件经过及处置

2016 年 8 月 5 日 01 时 52 分，某抽水蓄能电站 2 号机组调相转抽水工况转换流程执行中，2 号主变压器差动保护动作、2 号机组发电机变压器组保护动作跳闸，2 号机组由备用至抽水工况转换失败。变频器故障动作，启动电气事故停机流程，2 号机组电气事故停机。现场检查变频器系统发现故障告警信息，2 号主变压器保护装置差动保护跳闸灯亮，2 号主变压器低压侧接地告警灯亮；经过对 2 号机组启动流程及故障信息时序分析，变频器系统由于主变压器差动保护动作跳开 2 号主变压器高压侧断路器，导致变频器检测不到电压发出“变频器故障”信号。经检查，发现 W 相槽型母线棱边与电流互感器外壳及基座之间有明显的放电灼烧痕迹，同时测量图中槽型母线至图中的第二处放电点距离约为 110mm，如图 1-19-1、图 1-19-2 所示。

通过图 1-19-1、图 1-19-2 可以看出，槽型母线棱边与电流互感器内壁间隙较小，且互感器内部穿芯空间内存在较多杂污及灰尘。通过图 1-19-3、图 1-19-4 可以清晰地反映出第二处放电故障点的放电路径，该处放电时造成放电电流窜入到了互感器的二次回路中。

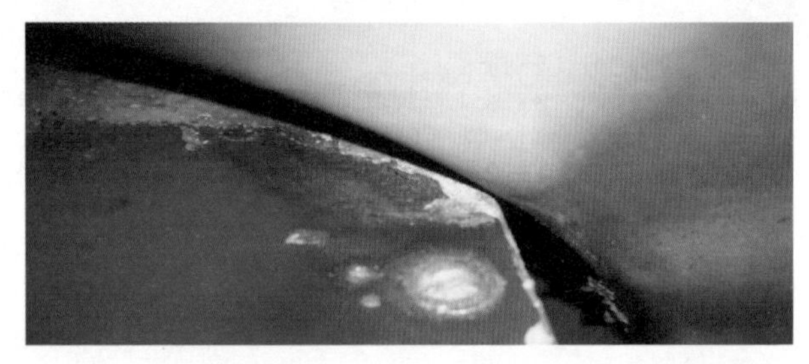

图 1-19-1 主变压器低压侧电流互感器（8LH）与槽型母线间隙及穿芯空间内部积尘情况

图 1-19-2 主变压器低压侧电流互感器（8LH）与槽型母线间隙及穿芯空间内部积尘情况

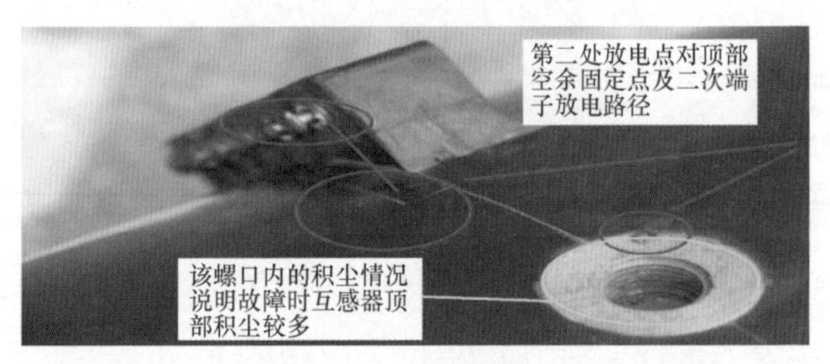

图 1-19-3 主变压器低压侧电流互感器（8LH）接线端子情况

图 1-19-4 主变压器低压侧电流互感器（8LH）接线端子情况

二、事件原因

直接原因：电流互感器内部及顶部积尘在潮湿空气下引起安全距离不足，导致爬电放电。

间接原因：由主变压器跳闸后变频器启动电源消失引起的“变频器故障”，导致机组跳机。

三、暴露问题

（1）设备运行维护不到位。机组出口至主变压器全部采用敞开式槽型母线，在灰尘沉积严重并环境潮湿时，一次设备的电气绝缘距离将会降低，易在槽型母线电荷集中处对绝缘距离不足的电流互感器、绝缘子、母线支撑基础等产生偶发性爬电放电故障。一次设备清扫检查随机组 C 级检修进行，没有根据现场运行环境变化增加设备清扫检查频次。

（2）设备验收不到位。设备检修安装工艺要求不严格，验收管理不到位，日常设备检修中未能及时发现该处互感器与槽型母线的安装工艺不合格；造成槽型母线棱边与电流互感器内壁四周距离不均匀，易造成距离较小侧的绝缘距离不足，产生了爬电、放电故障。

（3）设备技术培训不到位。对设备工艺掌握不到位，造成检修施工中槽型母线安装偏心；对标准制度掌握不全面，对设备绝缘距离掌握不足。

四、防止对策

（1）加强设备管理，制定严格的设备清扫标准、周期、验收标准，增加一次设备清扫检查频次，利用机组小修保证每半年开展一次彻底的清扫工作；加强对运行环境监视，日常巡回检查中重点对电流互感器进行外观检查，发现环境恶化时，结合设备定检，适当增加设备进行清扫频次。

（2）加强对工艺标准的学习和培训，提高对工艺的掌握能力和执行水平。

（3）加强运维人员的教育和培训，对设备管理规范、技术标准开展重点学习，确保对检修工艺、运行技术要求掌握到位，便于对设备的安全状况进行及时跟踪分析。

（4）对设备进行改造，将开放式槽型母线改造为封闭母线。

五、案例点评

本案例的直接原因是设备表面污秽等级增加造成的放电，本质上是由设备安装工艺差、验收不严格与设备维护不到位叠加产生的，同时在设备选型上也存在一定问题。反映出设计单位对现场环境状况考虑不周全，安装单位施工水平不高，监理单位质量把关意识不强，业主单位设备管理存在漏洞。从根本上讲，设备管理不细致、不到位才是最主要的原因，设备事件往往是设备管理不到位的最直接体现。

案例 1-20

某抽水蓄能电站 500kV GIS 设备运行过程中电缆套筒防爆膜破裂造成 GIS 设备被迫停运

一、事件经过及处置

2016 年 8 月 22 日 22 时 30 分 06 秒，某抽水蓄能电站监控报“开关站 1 号电缆线 5001 间隔 SF_6 气舱漏气动作（0.46MPa）”“开关站 1 号电缆线 5001 间隔 SF_6 气舱密度达到最小动作（0.44MPa）”，值班人员立即通知 ON-CALL 运维人员到开关站现场进行检查，发现 GIS 现地控制柜报警装置显示 SF_6 泄露。随后对开关站区域所有 GIS 气室 SF_6 密度继电器进行逐一检查，最终检查发现 5001 间隔电缆终端 V 相气室上密度继电器指示在红色报警区，如图 1-20-1 所示。为验证密度继电器指示的正确性，采用外接仪表对故障气室进行了气压检测，仪表显示读数为零。向调度申请将故障区域隔离后，进一步对该设备进行了详细检查，发现该气室顶部防爆膜破裂，如图 1-20-2 所示。

立即召集设备制造厂家到场进行深入检查，发现故障气室防爆膜型号使用错误，随后对所有 GIS 设备防爆膜型号进行全面检查，共发现 6 处防爆膜使用错误，更换成符合要求的防爆膜后，于 8 月 26 日 10 时 30 分将设备恢复运行。

图 1-20-1 密度继电器指示在红色报警区

图 1-20-2 故障气室破裂的防爆膜

二、事件原因

直接原因：设备组装时气室防爆膜型号使用错误。

三、暴露问题

（1）设备厂家内部管理存在漏洞。电缆终端气室最初设计充气压力为 0.43MPa，与之对应选用防爆膜型号为 0.63 ~ 0.7MPa，后经过修改，将电缆终端气室额定充气压力改为 0.49MPa，相应防爆膜型号改为 0.9 ~ 1.0MPa。但由于设备厂家信息系统物料未及时更新，导致其车间按照原设计进行组装，防爆膜型号安装错误，同时厂家质检部门质量检验不到位，未及时发现安装中的错误。

（2）设备监造把关不严。GIS 设备所使用防爆膜在出厂时已组装完毕，现场安装时只是对各模块进行拼接，事件暴露出监造方对 GIS 在制造厂内的组装过程监督验收把关不严格。

四、防止对策

（1）加强监造方对设备监造管理的管控，针对重要工序和部件，要求编制监造过程报告。

（2）要求设备厂家提供不同等级防爆膜的耐压试验报告和质量证明文件。

（3）将 GIS 设备防爆膜检查列入 GIS 设备定检项目，发现异常及时更换。

（4）定期开展 SF_6 气体泄漏事故应急演练，提高现场值班人员突发事件应急处置能力。

五、案例点评

该案例发生的客观原因是设备制造厂家在设备组装时出现的问题，加之监造方履职不到位，造成了较为严重的后果。但从主观角度分析，业主方在设备验收方面还存在漏洞。设备参数设计变更后，未将与设备参数相关的设备部件作为重点进行验收，反映出业主方技术人员在技术管理方面存在薄弱环节，对设备的组成、结构及关键部件掌握不全面、不深入。因此，基建安装期间的设备管理、技术管理与生产期同等重要。

案例 1-21

某抽水蓄能电站 2 号机组发电工况运行过程中转子引线穿轴螺杆方形螺母熔融造成机组甩负荷

一、事件经过及处置

2016 年 9 月 6 日 16 时 08 分，某抽水蓄能电站 2 号机组发电并网，带负荷 300MW 运行。17 时 12 分，2 号机组保护 B 屏 B 套转子接地保护动作，机组甩负荷。

机组停稳后，电站 ON-CALL 人员对 2 号机组进行了隔离，测量转子绝缘为 24MΩ。运维人员对转子接地保护装置及二次回路进行检查，未发现异常，校验保护装置动作正确；对磁极、磁极连接片、励磁回路、集电环室进行检查，未发现异常，开机旋转备用（未投入励磁）进行试验，在转速上升的同时对转子绝缘进行测量，绝缘电阻一直维持在 24MΩ，当转速升至 70% 左右后，手动停机，故排除一次回路永久接地的可能；停机后进入风洞内进行进一步检查，发现转子引线（负极）穿轴螺杆方形螺母与引线铜排连接处（如图 1-21-1 所示）有电弧放电接地点，同时方形螺母与铜排均存在过热烧融的痕迹（如图 1-21-2 所示）。拆除故障的穿轴螺杆及方形螺母，对转子引线铜排进行打磨和挂锡，重新安装穿轴螺杆及方形螺母备件（如图 1-21-3 所示），恢复转子引线，测量绝缘电阻合格，测量转子磁极引线直流电阻并与最近一次检修后数据对比合格。

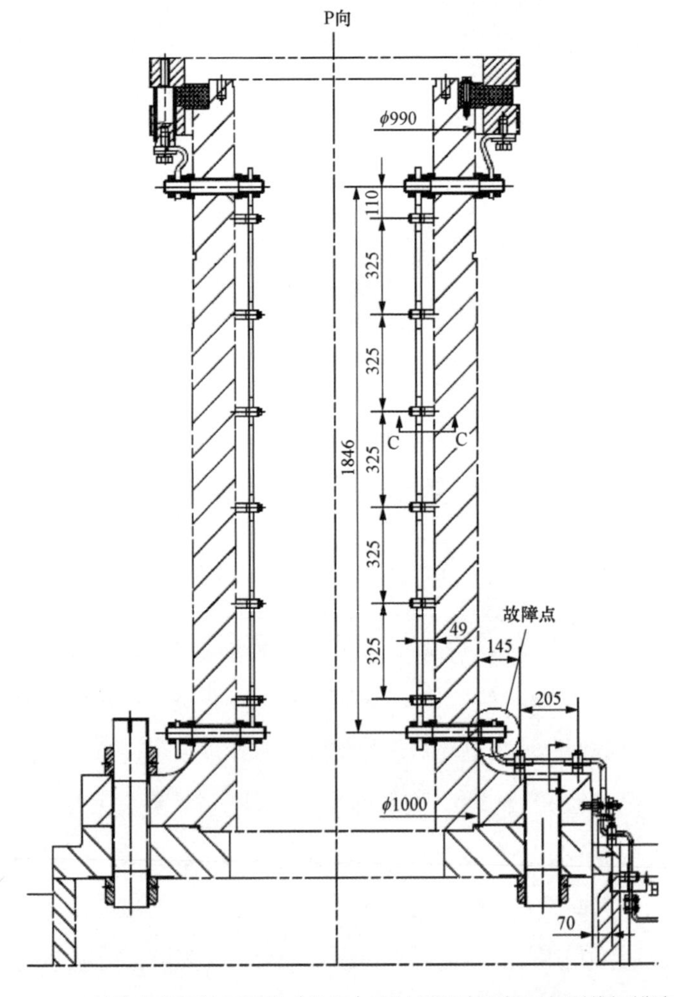

图 1-21-1 故障点位于转子引线（负极）穿轴螺杆方形螺母与引线铜排连接处

图 1-21-2　方形螺母与铜排过热烧融痕迹

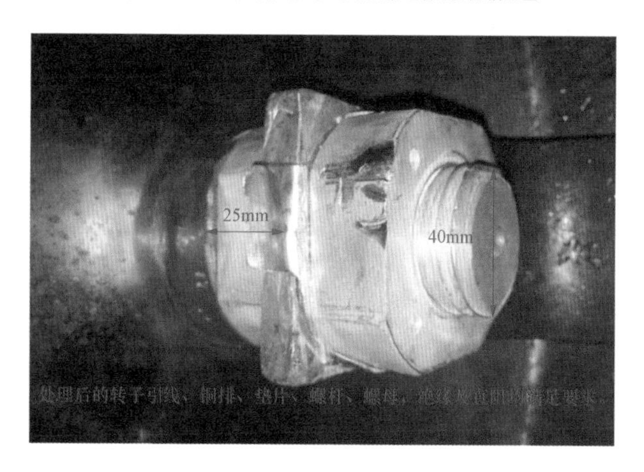

图 1-21-3　处理后的方形螺母

二、事件原因

直接原因：转子引线（负极）穿轴螺杆方形螺母与引线铜排连接处贴合不严密，导致接触电阻变大，局部过热烧熔，熔化的铜对大轴（地）产生放电回路。

间接原因：转子引线（上端轴部分）穿轴部位设计不合理，机组运行时，穿轴铜螺杆和铜螺母易产生松动把合不紧，造成熔融放电。

三、暴露问题

（1）铜质的穿轴螺杆和方形螺母以及引线铜排之间的连接方式设计不合理。一是存在大电流作用下的螺栓热胀轴向伸长可能（径向受限），长时间运行累积效应，产生松动，接触电阻增加，局部过热；二是方形螺母与穿轴螺杆通过直径40mm、长25mm的丝牙接触导电，安装过程中极易发生丝牙脱口导致接触电阻增加，局部过热；三是方形螺母与转子引线铜排平面过紧造成转子引线铜排变形导致接触电阻增加，局部过热。

（2）运行维护不到位。电站对转子引线运维检查不完善，在检修（定检）作业指导书中没有提出针对性检查项目。

四、防止对策

（1）增加现有结构大电流载荷复核，设备制造厂按照复核结果和现行标准要求，要充分考虑机组甩负荷等极端工况转子引线的强度和在机组长期运行中产生疲劳所带来的影响，重新设计、改造转子引线，确保其具有足够的安全裕度。

（2）根据《立式水轮发电机检修技术规程》（DL/T 817—2014）要求，明确转子引线重要部位连接螺栓的日常维护的周期和标准，明确检修和检验要求。编制完善的转子引线重要部位连接螺栓的检修作业指导书，并加强过程管控，确保检修工艺和质量。

五、案例点评

电站投运初期，随着机组启动次数和运行强度的增加，设计和安装缺陷隐患会不断暴露，这就要求设备运维单位要针对机组的不同运行状态，开展针对性的巡视检查，总结同类型设备在行业内应用经验，针对性提高设备检修维护的频次和级别，参照最新设备标准规范及时进行设备改造优化，保证设备稳定运行。

案例 1-22

某抽水蓄能电站 1 号机组发电运行过程中因机组电压互感器 W 相损坏定子接地保护动作跳机

一、事件经过及处置

某抽水蓄能电站采用一机一变方式布置，2016 年 11 月 18 日，该电站 1 号机组发电带 300MW 负荷运行，1 号主变压器运行。09 时 50 分，1 号机组保护 B 组 95% 定子接地保护动作，1 号机组带负荷跳机；当值人员立即汇报网调并申请 1 号机组改检修，运维人员现场检查 1 号机组 A 组保护盘、B 组保护盘，发现 1 号机组 B 组保护盘的 95% 定子接地保护动作，告警灯和跳闸灯长亮；1 号主变压器 B 组保护盘的主变压器低压侧接地保护告警灯长亮，未出口跳闸。读取 1 号机组保护故障录波（如图 1-22-1 所示），95% 定子接地保护启动时，机端开口三角电压值为 13V，400ms（0.4s）后保护动作出口，跳机组断路器 GCB、灭磁断路器 FCB，与 95% 定子接地保护整定值（10V，0.4s）一致。

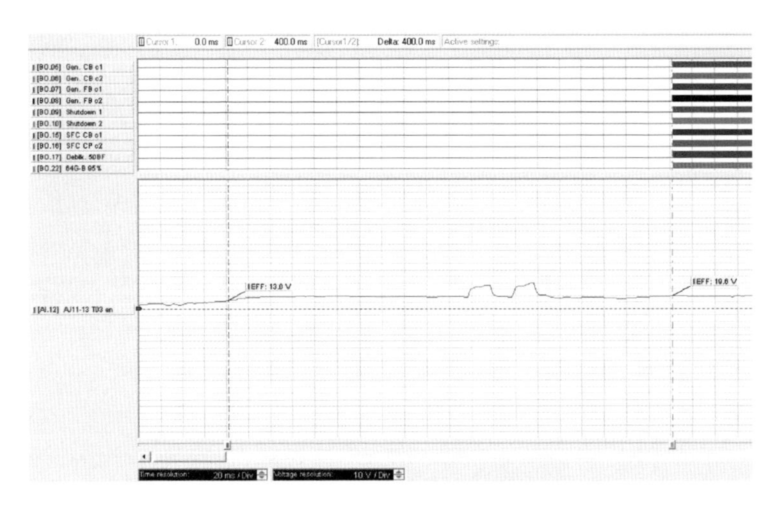

图 1-22-1　1 号机组保护故障录波

同时，1 号主变压器低压侧接地保护在整个故障期间的零序电压录波与 95% 定子接地保护的零序录波几乎一致。因此，运维人员判断是 95% 定子接地保护范围内的一次设备出现故障引起的。

做好 1 号机组下风洞检查隔离措施后，对 1 号机组保护 B 组 95% 定子接地保护范围内的相关一次设备进行外观检查。检查发电机风洞，风洞内无异味；检查 1 号机组发电机定子线棒，线棒端部绝缘无损伤、放电、过热痕迹；测试发电机定子绕组绝缘，U、V、W 三相整组绝缘，绝缘电阻值为 380MΩ（60s），吸收比 4.75，测试结果正常；检查机端至主变压器低压侧离相封闭母线，封闭母线外观未发现异常；检查 1 号机组机端电压互感器，发现 1 号机组机端电压互感器 W 相柜门处有焦味，打开 W 相柜门发现上层电压互感器高压熔丝熔断。

立即安排运维人员对 1 号机组机端损坏电压互感器和高压熔

丝进行更换，对新的电压互感器进行试验，试验数据合格，同时对1号机组其他二相机端电压互感器进行电气预防性试验，对电压互感器二次侧接线进行绝缘电阻测试，试验数据和测试结果均合格，并清扫检查1号机组机端电压互感器U、V、W三相盘柜。消缺工作结束后，1号机组进行零升压试验，未发现异常情况，1号机组95%定子接地保护正常，未动作。向网调申请机组恢复备用。

二、事件原因

直接原因：1号机组机端电压互感器W相绕组绝缘击穿。

三、暴露问题

（1）设备维护不到位。需要加强对日常巡视中无法检查的设备维护工作，通过机组检修期间认真仔细检查设备外观，并通过电气预防性试验等手段掌握设备的性能。

（2）缺少有效监视手段。对电压互感器技术性能及剩余寿命缺乏其他有效的监视分析手段，运维人员缺少有效手段对设备进行分析，不能及时掌握设备状况。

（3）缺少报警信号。监控系统中未接入机端电压互感器组报警信号，三相高压熔丝熔断后，运维人员无法第一时间发现问题，及时进行处置。

四、防止对策

（1）根据《国家电网公司水电厂重大反事故措施》（国家电

网基建〔2015〕60号）中12.4.1.3.2的要求，“当电压互感器二次电压异常时，应迅速查明原因并及时处理。”全面排查机组所有机端电压互感器，可通过增设电压互感器二次小开关方式，加强对电压互感器运行情况监视。

（2）加强设备运维，根据季节变化、高温及大负荷运行等外部环境影响，增加电压互感器红外检测次数，及时分析设备状况。

（3）根据《电力设备预防性试验规程》（DL/T 596—2005）要求，定期对电压互感器绝缘电阻进行测量，同检修试验进行比对，及时分析查找隐患。

五、案例点评

本案例充分反映出电气设备预防性试验的重要性，预防性试验作为对设备健康状况进行体检的重要手段，是必须要按周期严格执行的。同时，对日常巡视无法直接进行检查的电气设备，应该积极开拓思路，创新手段，比如增加红外观测窗口、安装无线测温装置等，都能很好地解决这个问题。

案例 1-23

某抽水蓄能电站 4 号机组运行过程中磁极引线直弯处熔断导致机组跳机

一、事件经过及处置

2017 年 3 月 7 日 11 时，某抽水蓄能电站 4 号机组发电工况带 300MW 有功运行过程中，监控发“4 号机组 A 组保护紧急停机 1”“4 号机组发电 / 电动机转子一点接地保护 A 动作”“4 号机组电气事故停机”报警，4 号机组带负荷跳机。在做好隔离安全措施后，运维人员进入 4 号机组风洞检查，发现 4 号机组 1 号磁极靠 2 号磁极侧引出线直角弯处熔断，2 号磁极右上端磁极压板端头及环氧托板被灼伤，1 号磁极靠 2 号磁极中段部环氧托板有灼烧痕迹，并从定子内找出异物，故障情况如图 1-23-1 所示。对其他磁极进行检查，发现个别磁极引线直弯处存在微裂纹。

运维人员分析认为，4 号机组转子 1 号磁极引线直弯处存在微裂纹，1 号磁极引线受微裂纹影响，机组振动时裂纹扩展，导致引线弯型处拉裂，引线通流截面积过小，产生高温将 1 号磁极引线直弯处熔断，溶化的高温金属材料在坠落过程中将1号磁极中部环氧托板烧损。同时，产生的高温电弧扫向相邻2号磁极右上端部，造成铁芯及其引出线和环氧托板烧损。

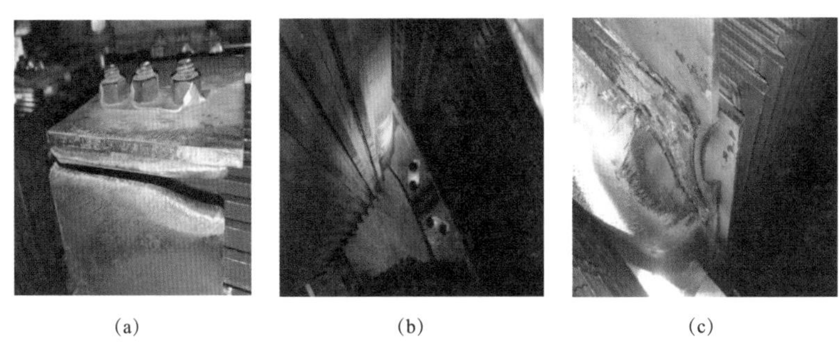

(a)　　(b)　　(c)

图 1-23-1　故障情况

（a）1号磁极引线烧断；（b）1号磁极中部环氧托板烧伤；（c）2号磁极右上端部烧损

向调度申请4号机组转检修处理，拆卸烧损磁极返厂修复，经修复的磁极出厂试验合格后回装，经各项试验、验收合格恢复机组备用。

二、事件原因

直接原因：磁极引线直弯处拉裂，导致引线通流截面过小产生高温熔断，溶化的高温金属材料坠落，烧损1号磁极中部环氧托板，电流烧损故障引起磁极绕组直接短路接地，造成转子一点接地保护动作机组跳机。

间接原因：4号机组转子磁极引线弯型半径过小，不符合设计图纸要求，造成直弯处存在微裂纹。

三、暴露问题

（1）设备安装及材料验收不到位，验收手段不完善，未及时发现转子磁极引线弯型半径不满足设计图纸要求的缺陷。

（2）设备隐患排查不到位，根据《国家电网公司水电厂重大反事故措施》（国家电网基建〔2015〕60 号）中的要求，应定期检查磁极挡块、磁极连接线、磁极绕组等异常变化情况。机组检修维护中对磁极检查不到位，未发现转子磁极引线出现微裂纹，影响机组运行安全。

四、防止对策

（1）加强设备及材料出厂、到货交接验收，丰富验收手段，针对类似问题举一反三，验收时应对照设计图纸，确保到货设备符合设计要求后再进行交接。

（2）强化设备安装过程管控及质量验收工作，防止安装时野蛮施工可能造成的磁极引线弯承受较大应力。

（3）加强设备隐患排查力度，依照《立式水轮发电机组检修技术规程》（DL/T 817—2014）等相关依据，对转子磁极绕组、引线和磁极接头等部位的绝缘、连接及固定检查到位，采用外观检查、探伤等多种方式进行检查，保证隐患排查不留死角，确保隐患治理及时到位。

（4）磁极连接线铜排直角平弯弯曲半径应符合设计要求，并不小于 $2d$（d 为铜排厚度），经计算应力较大部位，弯曲半径不小于 $4d$。

五、案例点评

抽水蓄能机组转速较高，转子磁极引线弯型半径要符合设计要求，从而减少直弯处应力，防止出现裂纹，因此要严格把控施工、安装及验收环节。同时，某个单位发生的问题对其他单位有很好的警示作用和较高的参考价值，及时吸取兄弟单位的事故教训，对照自己的设备进行排查和整改，对事故的预防是非常有必要的。一段时期内，不同电站接连发生了几起磁极引线缺陷造成的设备事件，反映出某些单位未能举一反三，对上级单位提出的有针对性的反措要求落实不到位，是同类事故连续发生的最主要原因。

案例 1-24

某抽水蓄能电站 4 号机组在抽水调相工况运行中振摆保护动作导致事故停机

一、事件经过及处置

2017 年 3 月 21 日 01 时 08 分，某抽水蓄能电站 4 号机组停机稳态转抽水调相运行操作成功。01 时 09 分，4 号机组上导轴承 +X 方向振摆 I 级报警、上导轴承 -Y 方向振摆 I 级报警、振动摆度二级报警。01 时 13 分，4 号机组振摆保护系统跳闸报警输出、振摆保护跳闸输出，4 号机组紧急事故停机。

现场值班人员到达现场检查，在发电机层 4 号机组段闻到焦味，但未发现明火和黑烟，打开集电环室门后焦味更加明显，但集电环室设备及上导油盆盖板表面未发现异常，判断发电机内部可能存在问题。在进行紧急隔离后，运维 ON-CALL 人员进入风洞检查发现励磁引线负极穿轴铜棒连接螺栓处存在渗碳痕迹（如图 1-24-1 所示），打开上端轴盖板发现上端轴内励磁引线负极铜排已熔断（如图 1-24-2 所示），进入发电机轴与水轮机轴连接螺栓区域发现存在燃烧后黑色残质（如图 1-24-3 所示）。向调度申请 4 号机组提前进入本年度 C 级检修，4 月 24 日，结合 C 级检修完成熔断铜排整体更换。

图 1-24-1 励磁引线负极穿轴螺杆紧固螺栓处存在渗碳痕迹

图 1-24-2 上端轴内励磁引线负极铜排已熔断

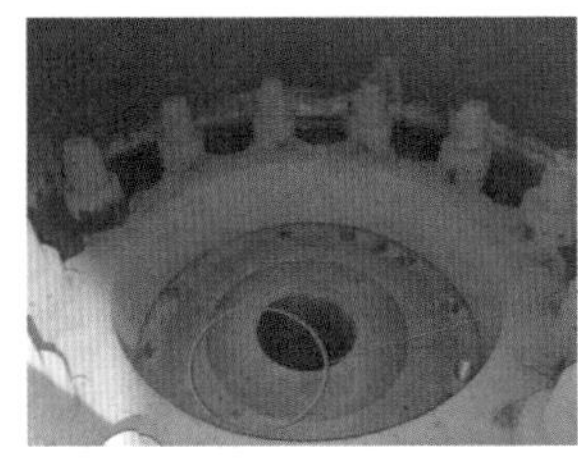

图 1-24-3 发电机轴与水轮机轴连接螺栓区域发现存在燃烧后黑色残质

如图 1-24-4 所示，事故造成励磁引线负极穿至大轴内的第一、二段（按照从下往上两线夹之间为一段）铜排已完全熔断，第三段铜排也已大部分熔断，且熔断部分通过大轴接地。而由于转子接地保护未正确动作，故障继续发展，铜排熔化后随机组运行附在上端轴内壁，上端轴局部温度持续上升出现热变形，导致上导摆度持续上升直至振摆保护动作跳机。

图 1-24-4　上端轴内励磁引线负极铜排熔断

二、事件原因

直接原因：发电机上端轴内励磁引线负极铜排发热熔断引起上端轴变形，从而导致上导轴承 X/Y 方向摆度超限造成机组跳机。

间接原因：上端轴内励磁引线在穿轴处存在结构设计缺陷，机组长期运行后，穿轴螺杆的紧固螺栓出现松动，过流接触面减小，引起励磁引线负极发热熔断。

事故扩大原因：转子接地保护未正确动作，导致故障持续发展。

三、暴露问题

（1）《水轮发电机组安装技术规范》（GB 8564—2003）中 9.4.14 的要求，转子励磁引线固定应牢靠，螺栓连接的应搪锡或镀银，螺栓应锁定可靠。设备制造厂对励磁引线的重要性认识不足，穿轴结构设计不合理，未充分考虑到机组在长期运行后穿轴螺杆处紧固螺栓发生松动的可能，螺栓锁定不可靠。

（2）电站日常检修中对励磁引线螺栓连接处、轴内铜排检查不到位，未能提早发现该处螺栓松动。

（3）继电保护的定期校验不到位，未能提早发现转子接地保护无法正确动作。

四、防止对策

（1）对穿轴螺杆处进行重新设计加工，穿轴螺杆与轴内引线银焊为一体，增加两者接触紧密度，取消了轴内的螺栓把合，从根源上消除松动引起接触不良的可能性。将原来的圆铜棒更改为有凸台的 T 形铜棒，增加适形绝缘块（其与上端轴轴内径采用适形配合）。利用绝缘块来支承穿轴铜棒在机组运行过程中产生的离心力。轴内引线铜排此时不再支承铜棒的离心力，也就不会出现形变。

（2）对转子接地保护回路断线监测改进，增加注入回路断线告警功能，当注入回路监视值小于定值时报警，延时固定为 25s。原程序转子接地保护中单端接地回路电阻固定为 23.5kΩ，由 2 个 47kΩ 电阻并联组成，考虑到损坏一个电阻对回路影响较小，注入回路断线告警功能定值不方便整定，故将转子接地保护中将单端接地回路电阻固定修改为 47kΩ，回路中仅接入一个电阻，现场转子接地保护使用双端接地，单端接地功能仅作为后备功能使用。

（3）在现场运维规程中明确轴内励磁引线等磁极重要部位日

常维护的周期和标准，明确检修和检验要求，编制完善轴内励磁引线等重要部位的检修作业指导书，并加强过程管控，确保检修工艺和质量。

（4）将转子接地等电气保护的断线监测回路监测列入月度定检项目，编制完善相应检修作业指导书。

五、案例点评

机组转动部件的检查要做到“全覆盖、无死角”，电站运维人员要掌握转动部件的结构和组成，尤其要掌握隐藏部位的结构，并在日常检查中加强对隐藏部位的检查，以避免出现因检查不到位造成的设备损坏。同时，运维人员应加强对机组保护、监控等部分的研究，搞懂弄通保护动作逻辑、监控流程等核心技术，从机组设备全局角度思考其全面性和适用性，弥补厂家人员在这些方面存在的不足。

第二章 电气二次

案例 2-1

某抽水蓄能电站 1 号机抽水运行过程中因主变压器冷却器逻辑程序有误造成机组跳机

一、事件经过及处置

2001 年 6 月 24 日，某抽水蓄能电站 1 号机组抽水工况运行 1h 后监控报 1 号主变压器冷却水系统故障，1 号机组抽水工况甩负荷跳机。

机组运行时，主变压器处于负载状态，主变压器 A、D 组冷却器正常运行，此时 B、C 组冷却器是作为温控冷却器及备用冷却器。抽水运行 1h 后，主变压器绕组温度上升至温控冷却器启动第一设定值，B、C 组冷却器同时启动（逻辑设计错误如图 2-1-1 所示，不应同时启动两组备用冷却器）。正确的逻辑（如图 2-1-2 所示）应为主变压器绕组温度上升至温控冷却器启动第一设定值启动一台备用冷却器，主变压器绕组温度上升至温控冷却器启动第二设定值，依次启动所有备用冷却器。

A、D 组冷却器正常运行，B、C 组冷却器又同时启动投入运

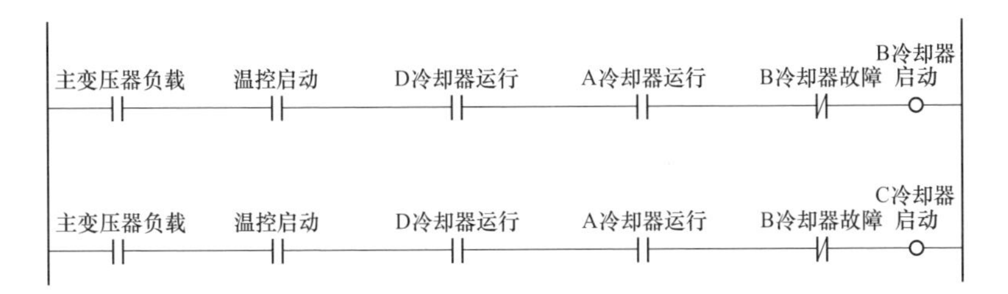

图 2-1-1　错误的启动逻辑

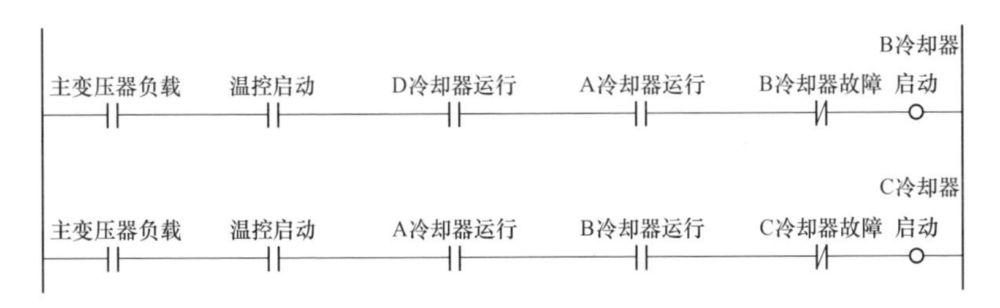

图 2-1-2　修改后正确的逻辑

行，使每组冷却器中的水流量大大减少，B、C、D 组冷却器因冷却水流量低开关动作同时退出运行，仅有 A 组冷却器仍在运行，主变压器冷却系统 PLC 逻辑判断主变压器负载运行时冷却器运行台数小于2组，延时15min后发出冷却水系统故障跳机组信号（逻辑设计错误）。原 PLC 逻辑修改为主变压器负载情况下检测到 4 组冷却器同时故障且无冷却水流量时，延时 30min 发出冷却水系统故障跳机组信号。

修正 1 号主变压器冷却系统 PLC 逻辑程序并重新下装后，经逻辑测试无异常后申请再开 1 号机组抽水正常。

二、事件原因

直接原因：主变压器冷却系统 PLC 逻辑程序设计错误，误报主变压器冷却器水系统故障，造成机组甩抽水负荷。

三、暴露问题

根据《油浸式电力变压器技术参数和要求》（GB/T 6451—2015）中10.2.3.5.4的要求，强油风冷及强油水冷变压器，当冷却系统发生故障切除全部冷却器时，在额定负载下允许运行30min；当油面温度尚未达到75℃，允许上升到75℃，但切除冷却器后的最长运行时间不得超过1h。根据《电力变压器运行规程》（DL/T 572—2010）中6.3.2的要求，强油循环风冷及强油循环水冷变压器，在运行中，当冷却系统发生故障切除全部冷却器时，变压器在额定负载下允许运行时间不小于20min；当油面温度尚未达到75℃，允许上升到75℃，但冷却器全停的最长运行时间不得超过1h等条款规定，主变压器冷却系统PLC逻辑程序未能满足要求。

（1）设备在更新过程中过分依赖和相信厂家，电站配合人员没有有效监督，未发现主变压器冷却系统PLC的逻辑程序设计错误。

（2）设备更新后的相关验收工作不到位。

四、防止对策

（1）设备在安装调试过程中业主配合人员要熟悉设备内部原理，不要过分依赖厂家，做好监督工作。

（2）对于设备的技改更新要遵循调研、报告、审核、执行、试验、验收等必要流程，通过严格的流程监督避免同类事件发生。

五、案例点评

设备安装调试过程中，业主方技术人员要全过程介入安装调试工作，依据国家标准、行业标准和现场实际优化逻辑控制，强化调试方案的编制、审核和批准，加强验收全过程监督管理，加强调试数据分析，及早发现问题。

案例 2-2

某抽水蓄能电站 1 号主变压器因其高压侧电流互感器 W 相二次侧虚接线差动保护动作跳闸

一、事件经过及处置

2006 年 6 月 22 日，某抽水蓄能电站 500kV 系统（500kV 系统为内桥接线，1 号主变压器高压侧直接接入 500kV 内桥接线）正常运行状态，1 号主变压器运行，1 号机抽水稳态运行。02 时 40 分监控上位机报“1 号主变压器保护 A 组电流互感器 TA 回路监视动作”（该组电流互感器 TA 用于 1 号主变压器小差动保护），主变压器保护其他正常。3 时 42 分监控上位机报“1 号主变压器 A 组保护事故跳闸信号”，某某线断路器、500kV 分段断路器（内桥桥断路器）事故跳闸，1 号机组跳机，1 号厂用变压器进线断路器事故跳闸，厂用电切换正常。现场检查 1 号主变压器保护 A 组盘面无保护动作，只有一个对应无标签的红灯亮。

维护人员调取故障录波图，发现 1 号主变压器差动保护

500kV 侧电流互感器 TA W 相二次侧电流值只有 0.06A，其他两相电流值为 0.27A，差流值为 0.13A 且瞬间多次达到动作值 0.14A。查找该电流互感器 TA 装置引入端子排进线装置 F0101:005、F0101:006 上接头回路正常；引入回路 X0001:006 与 F0101:005 回路断开。电流互感器 TA 回路 W 相虚接线情况如图 2-2-1 所示。

拆开 F0101:005 端子下头，调整后重接回路正常，电流互感器 TA 回路电阻三相均为 5.4Ω。

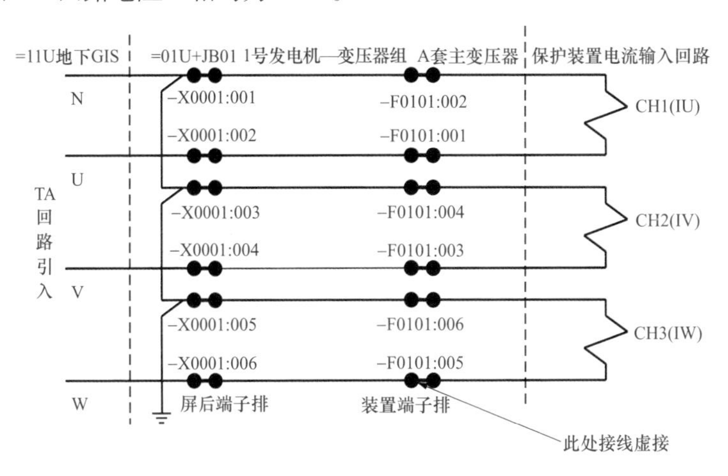

图 2-2-1 电流互感器 TA 二次回路安装点示意图

二、事件原因

直接原因：1 号主变压器 A 组差动保护 500kV 侧电流互感器 TA 回路 W 相虚接线，发电流互感器 TA 回路监视告警信号，并在差动保护中产生差流；在运行过程中，虚接线状况的恶化，造成差动电流达到差动保护整定值是本次事件的直接原因。

间接原因：电流互感器 TA 回路监视告警但不闭锁差动保护是造成本次事件的间接原因。

三、暴露问题

（1）未严格执行《电气装置安装工程质量检验及评定规程　第8部分：盘、柜及二次回路接线施工质量检验》（DL/T 5161.8—2002）中“二次回路检查及接线”的规定。接线工艺质量不良，装置引入电流回路接线不可靠，存在虚接线。

（2）电流互感器 TA 回路监视有告警信号，但未设置闭锁差动保护出口。

（3）运行人员、维护人员处置不力。

（4）继电保护装置命名不完善。

四、防止对策

（1）保护屏柜各端子接线投运前应全面检查紧固，防止电流互感器 TA 回路开路，端子虚接等现象，必要时应通过试验加以验证。

（2）完善闭锁功能。当发电流互感器 TA 回路监视告警信号时，闭锁相应保护功能。

（3）加强事故信号分析和处理的及时性。运行人员、维护人员在发现电流互感器 TA 回路监视告警时，应及时前往现场检查电流互感器回路有无闪络等异常现象，并进行必要处置。

（4）完善继电保护装置的命名。

五、案例点评

应严格按继电保护或电气装置安装工程及二次回路安装、验收相关标准规程规范的要求，进行二次回路安装和验收，规范设备命名，严防电流互感器开路。

案例 2-3

某抽水蓄能电站 4 号机组背靠背拖动启动过程中负序过流保护动作造成 500kV 断路器跳闸

一、事件经过及处置

2009 年 6 月 1 日，某抽水蓄能电站按计划进行 3、4 号机组背靠背拖动试验。23 时 01 分，3 号机组拖动 4 号机组启动，2min 后 3、4 号机组转速均上升至 85% 额定转速。23 时 03 分，4 号机组因高压油顶起装置故障停止运行，4 号机组因此顺控流程执行超时导致程序超时跳机，拖动机 3 号机组同时机械跳机。2s 后，4 号机组发电方向负序过流保护（46G-A）动作跳闸，500kV 系统二单元出线断路器、分段断路器跳开。

根据现场情况及报警信息，专业人员详细检查了继电保护装置的事件记录及保护信息子站的报警信息记录。

23 时 03 分 28 秒 396 毫秒：保护装置“PUMP MODE”消失，保护装置默认发电方向定值组 1；

23 时 03 分 29 秒 686 毫秒：发电方向负序过流保护报警段及

跳闸一、二、三段启动；

0 时 0 分 01 秒 007 毫秒：延时 1.007s 后发电方向负序过流保护二段跳闸，动作值为 0.401I_N。

从 4 号发电机变压器组保护故障录波器记录的波形（如图 2-3-1 所示）及经过相序分析后波形图（如图 2-3-2 所示）可以看出：保护跳闸时故障录波器路到的波形为反相序（如图 2-3-1 所示），即相序为U、W、V；波形几乎全部为负序分量（如图2-3-2 所示）。

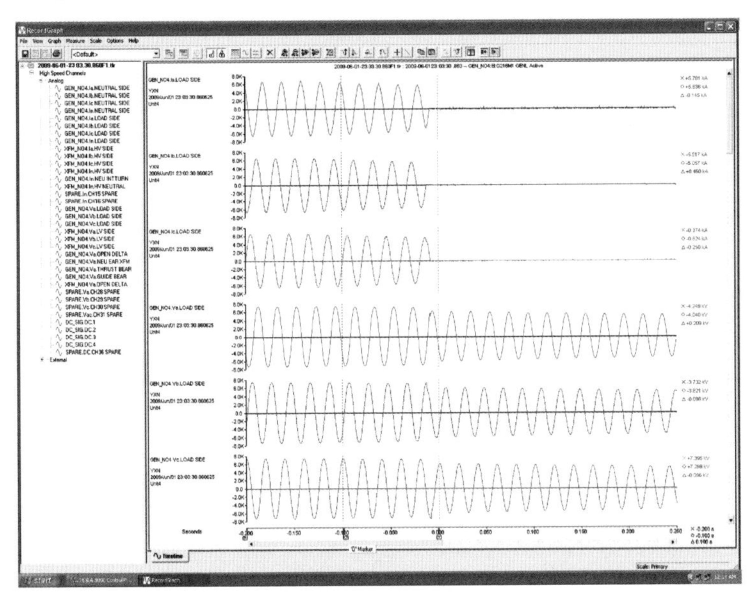

图 2-3-1　4 号发电机变压器组保护故障录波器记录的波形

二、事件原因

直接原因：4 号机组在背靠背拖动试验时发电方向负序过流保护动作。

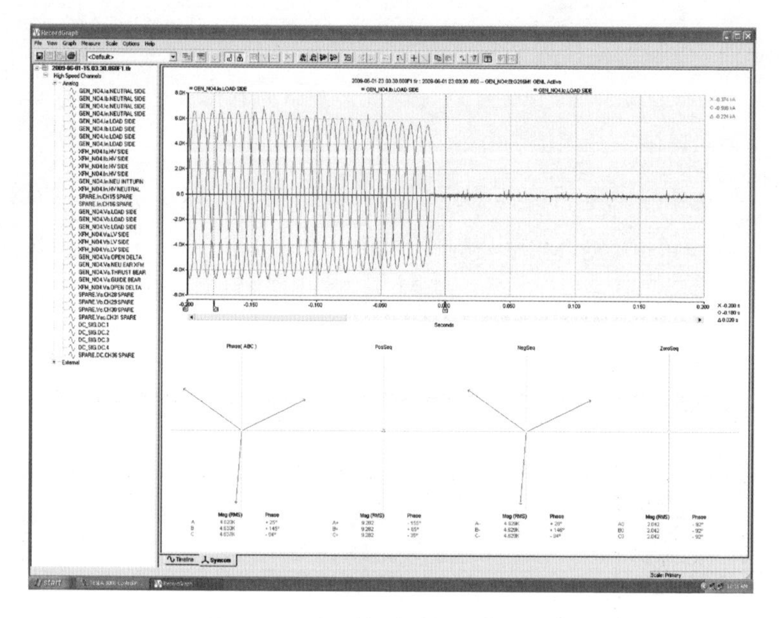

图 2-3-2　经过相序分析后的波形图

间接原因：4 号机组高压油顶装置故障停止运行，导致顺控程序超时跳机，3 号机组同时机械跳机，此时 4 号机组因 3、4 号机组之间的电气连接还未断开，发电机出口仍有电流且为抽水方向，该电流相对于发电方向而言就是负序电流。

三、暴露问题

（1）设计有缺陷。机组在背靠背拖动过程中，只要被拖动机组的换相隔离开关分闸早于拖动机组的发电机出口断路器，必将导致被拖动机组的负序过流保护动作。

（2）试验前危险点分析不到位。未充分考虑机组背靠背拖动试验失败的风险，未采取有效的预控措施。

四、防止对策

（1）优化背靠背的跳闸逻辑。背靠背拖动试验时，启动失败时的拖动机组进行电气跳机，立即跳闸，断开与被拖动机组间的电气轴连接，切断故障电流。

（2）加强试验前的危险点分析和预控措施。严格执行《生产作业安全管控标准化工作规范》要求，认真做好危险点分析并制定预控措施，严格“三措”的编、审、批执行。

五、案例点评

背靠背启动工况是抽水蓄能电站特有的工况转换方式，用一台机组发电（不并网）拖动另一台机组抽水（并网），因此设计阶段时应充分考虑设备电气一次接线方式、机组特殊运行工况，制定完善的保护闭锁逻辑、跳闸逻辑，并以此为基础，综合考虑选取合适的保护装置，简化二次回路，保证保护的可靠性。

案例 2-4

某抽水蓄能电站 6 号机组停机过程中监控处理器卡非正常死机造成机组停机失败

一、事件经过及处置

2009 年 10 月 9 日 7 时 10 分，某抽水蓄能电站 6 号机组抽水工况转停机，停机程序执行到发出机组出口断路器分闸命令时，停机程序停止执行，监控操作员站画面显示机组出口断路器仍在合闸位置，导叶、球阀已关闭。

运行值班员向调度汇报机组停机异常后申请拉开 6 号主变压器高压侧断路器，使 6 号机组与电网解列停机。获调度许可后执行，使 6 号机组与电网解列停机。

机组监控处理器卡 MFP 的组成如图 2-4-1 所示，机组抽水转停机控制程序流程如图 2-4-2 所示。

图 2-4-1 中左起第一对 MFP（主备用关系，下同）是机组顺控程序及辅助设备控制，第二对 MFP 是负荷控制和电压、无功控制及顺控的条件和闭锁，第三对 MFP 是控制 18kV 设备。从图

2-4-2 中可以看到，停机程序第一步（STEP1）执行完成后，第二步（STEP2）执行机组断路器分闸命令（GCB OPEN COM），机组出口断路器分闸命令（GCB OPEN COM）是从图 2-4-1 第一对 MFP 程序发出 GCB OPEN COM 后，需经过第三对 MFP 发出最终的机组出口断路器（18kV 设备）分闸命令。

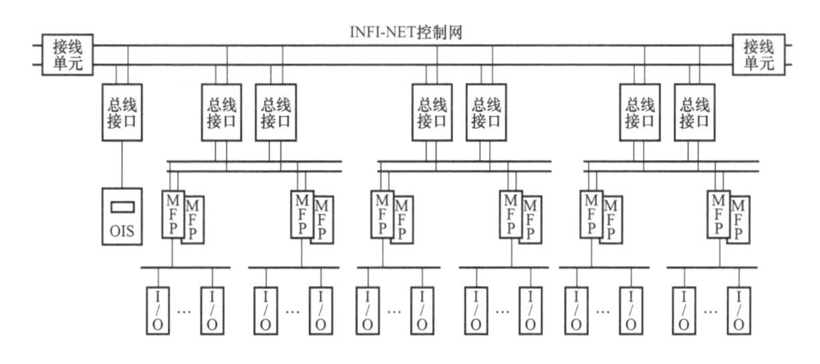

图 2-4-1　机组监控处理器卡 MFP 的组成

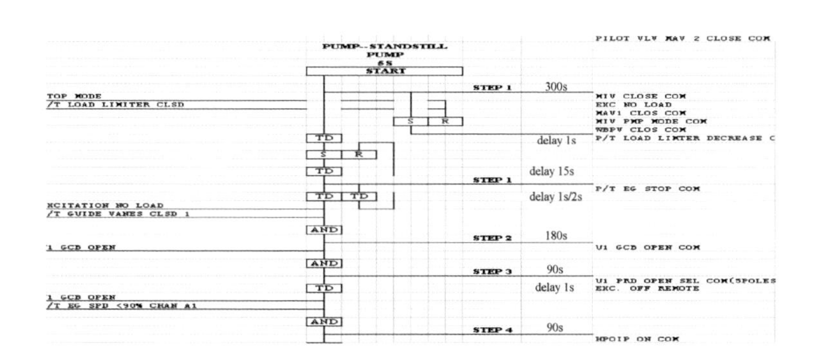

图 2-4-2　机组抽水转停机控制程序流程

经过分析后得出：MFP 中负责向外传送和接受信号的 DMA 芯片发生故障，该芯片中 BUFF 无法读取内存的数据，就始终保持故障前的数据不变，前台读到的数据始终不变，而 MFP 扫描微处理器 RAM、NVRAM 都正常，又认为没有故障发生，导致 MFP 始终在这种故障状态下运行而没有报警或切换。如果是 MFP 故障或者内存故障都会有故障代码显示，同时也会切换到备用 MFP。

二、事件原因

直接原因：6 号机组 MFP 中负责向外传送和接受信号的 DMA 芯片发生故障，致使 6 号机组出口断路器未分闸。

三、暴露问题

（1）功能设计不到位。处理器卡出现故障无法得到有效反馈。

（2）技术改造管理不到位。监控系统设备运行十余年，监控系统技术改造滞后。

四、防止对策

（1）进一步优化机组监控处理器卡硬件看门狗功能。在监控处理器卡中新增一段小逻辑每隔一段时间发送一个脉冲，由另一个监控处理器卡监视该信号，当该信号始终为 1 或 0，说明控制器不正常。

（2）加强监控硬件设备的日常巡检工作，加快监控系统技术改造工作。

五、案例点评

对于接近或已达到运行寿命的设备，有时会出现偶发性的硬件故障，这种故障通常难以通过定期检查和维护得以发现，应充分考虑安全裕度，提前做好设备技术改造的准备，择机进行改造或更换。另外，二次元器件在选型时要注重产品的质量及稳定性，择优选取。

案例 2-5

某抽水蓄能电站 1 号机组抽水运行过程中因励磁通信故障失磁保护动作跳机

一、事件经过及处置

2010 年 2 月 3 日 01 时 10 分，某抽水蓄能电站 1 号机组抽水运行过程中，1 号机组 A 组失磁保护动作出口跳机。监控信号有：1 号机组电压小于 90% 额定值；1 号机组 A 组保护电动工况失磁保护 Ⅰ 段启动，Ⅱ 段启动、动作；1 号机组出口断路器分闸和灭磁断路器分闸，电气事故停机。

事故发生后，检查 1 号机组励磁主回路，未发现异常；1 号机组 A、B 套保护的电压、电流采样回路正常；保护装置背板的数据排线检查正常。检查、测试励磁调节器通道 2（当时为主用调节通道）的通信 LCOM 板，发现其内部参数工作异常，导致机组无功设定值异常变化。从监控调取当时的 1 号机组无功功率波形，发现无功功率从正常运行时的 22Mvar，进相到 -250Mvar，进相程度很深；1 号机组机端电压也从正常值下降至 85% 额定值左右；而且在失磁保护动作前，上、下库等400V厂用电由于机端电压下降也发生了备自投切换。更换励磁调节器通道2的通信LCOM板，同时将判断无功设定值有效的门槛值抬高，经试验后正常。

二、事件原因

直接原因：励磁调节器通信LCOM板工作异常是本次事故停机的直接原因。

间接原因：励磁程序中设定的判断无功设定值是否有效的门槛值P58=0.1001偏低（如图2-5-1所示），是本次事故停机的间接原因。

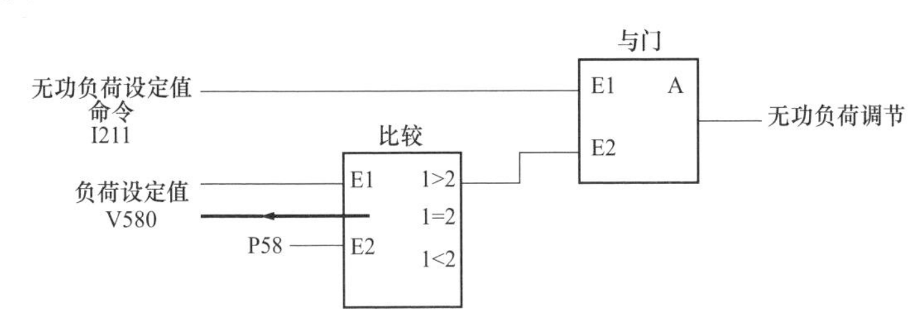

图2-5-1 无功设定值是否有效门槛值设定示意图

三、暴露问题

（1）维护人员对励磁系统的相关板卡元器件检修维护工作不到位。

（2）维护人员对励磁程序中的相关设定值的作用及原理理解不到位。

四、防止对策

（1）更换励磁调节器通道 2 的通信 LCOM 板，制定严格的设备检修维护制度，并将其落实到位。

（2）原先励磁程序中设定的判断无功设定值是否有效的门槛值 P58=0.1001，偏低，现将其提高到 0.33，使得再发生类似情况时，无功进相的深度不足以使机组失磁保护动作。

（3）加强对检修维护人员的专业知识、专业技能的培训。

五、案例点评

设备运维单位应制定严格的设备检修维护制度，编制详细的检修维护作业指导书，并严格执行，及时消除设备缺陷、隐患，防止因缺陷、隐患导致事故的发生。加强有关计算模型、参数的实测工作，并据此设置相关设备的定值和参数，跟踪设备运行情况，保证系统的安全稳定运行。

案例 2-6

某抽水蓄能电站 3 号机组抽水调相启动并网后启动母线联络刀闸分位信号未收到导致机组跳机

一、事件经过及处置

2010 年 4 月 13 日，某抽水蓄能电站 SFC（静态变频器）拖动 4 号机组抽水方向启动，由于机械刹车未退出而程序超时跳机，接着由 SFC 拖动 3 号机组抽水方向启动，3 号机组并网后未收到启动母线联络隔离开关 SBDS 在分位，导致程序超时跳机。

该电站安装有 4 台单机容量为 250MW 抽水蓄能机组，配备一套 SFC 用于机组抽水方向上的启动，其电源取自 1 号主变压器 MT01 低压侧 15.75kV，通过 SFC 输入断路器 ICB01 → SFC → SFC 输出断路器 OCB01 与启动母线相连，并通过每台机组的被拖动隔离开关 MDS0× 来启动机组（但每次仅能启动一台机组）；考虑到背靠背启动方式的存在，为了满足两台机组同时抽水方向启动的可能，如 1 号或 2 号机组用 SFC 拖动，而同时

3 号和 4 号机组也可以彼此拖动与被拖动，在启动母线 2 号和 3 号机组之间加装了常开的启动母线联络隔离开关 SBDS，电气一次主接线如图 2-6-1 所示。

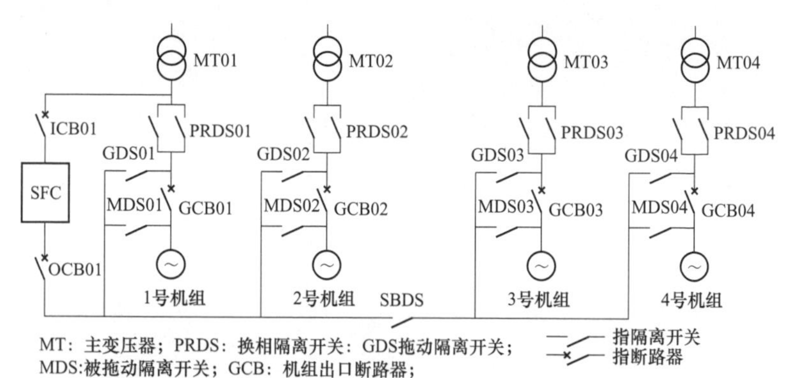

图 2-6-1 电气一次主接线简图

通过对监控顺序控制程序分析得出：由于 4 号机组因程序超时跳机执行停机流程，此时 3 号机组抽水方向启动合上了启动母线联络隔离开关 SBDS，满足相关条件 4 号机组发出并保持了拉开启动母线联络隔离开关 SBDS 命令，但由于不满足拉开条件：SFC 输出断路器 OCB01 在合位用以启动 3 号机组，当 3 号机组并网成功后，试图拉开启动母线联络隔离开关 SBDS，3 号机组和 4 号机组拉开启动母线联络隔离开关 SBDS 命令重叠，且 4 号机组拉开命令一直保持，因此 3 号机组拉开启动母线联络隔离开关 SBDS 命令没有上升沿用以触发而实际并没有发出拉开命令，最终导致 3 号机组收不到启动母线联络隔离开关 SBDS 在分位而超时跳机。再者，4 号机组保持拉开启动母线联络隔离开关

SBDS 命令是由于 4 号机组收不到机械刹车退出位置引起的。

二、事件原因

直接原因：监控顺序控制程序设计存在缺陷，4 号机组执行停机流程时发出并保持了拉开启动母线联络隔离开关 SBDS 命令，从而屏蔽了 3 号机组拉开启动母线联络隔离开关 SBDS 命令，导致启动母线联络隔离开关 SBDS 未正常断开，是此次 3 号机组程序超时跳机的直接原因。

三、暴露问题

监控顺序控制程序设计存在漏洞。由于 4 台机组顺序控制程序一致性，只要 4 台机组中有 1 台机组顺序控制程序执行停留在 SQ51 第 2 步（停机稳态的前一步），期间 3 号或 4 号机组抽水方向启动都会因不能拉开启动母线联络隔离开关 SBDS 而超时导致抽水调相跳机。

四、防止对策

（1）优化机组运行方式。4 台机组中有 1 台机组启动不成功，并且其还没有到停机稳态时，需要抽水方向启动机组时使用 SFC 拖动 1 号或 2 号机组，这样可不受启动母线联络隔离开关 SBDS 的影响，避免此时 SFC 拖动 3 号和 4 号机组。

（2）深入研究监控顺序控制程序改进措施，从源头消除故障可能。

五、案例点评

本案例中固然存在机组监控程序上的漏洞，但也反映出运维值守人员对机组工况转换流程步序不熟悉，紧急情况处理不得当，应针对各种工况启动开展风险分析及制定应急处理措施，并开展相应演练，提高值守人员的应急处置能力。另外，在日常工作中要结合机组运行方式的变化情况，不断优化、完善监控控制程序，从源头上确保顺控流程合理、正确，进而提高机组安全稳定可靠性运行。

案例 2-7

某抽水蓄能电站背靠背启动过程中拖动机组监控通信故障导致被拖动机组灭磁电阻烧毁

一、事件经过及处置

2011 年 2 月 25 日 19 时 51 分，某抽水蓄能电站 2 号机组修改相关参数后需进行背靠背 BTB 拖动试验。1 号机组背靠背拖动 2 号机组开机，起始阶段情况正常，当 2 号机组 100% 转速后，1 号机组监控上位机报监控下位机通信故障，随后根据试验需要监控上位机给 2 号机组下达停机令，2 号机组收到停机令后转停机流程，而此时 1 号机组发监控下位机内部组件故障报警，1 号机组状态丢失没有执行停机令，1 号机组与监控上位机失去联系；随后 2 号机组流程报警，2 号机组励磁退出、灭磁断路器分闸、低频过流保护动作，2 号机组事故停机。事后现场检查发现 2 号机组灭磁电阻烧毁，2 号机组保护盘有低频过流保护动作信号。

1 号机组没有停机，与 2 号机组存在电气连接，在 2 号机组定子中产生 50Hz 电压，2 号机组由于转动惯性仍在转动，定子转子相对运行。2 号机组停机流程执行过程中，由于灭磁断路器已分闸，动断辅助触点将灭磁电阻串入转子回路，从而使 2 号机组转子感应电压全部加在灭磁电阻上，如图 2-7-1 所示，使得灭磁电阻超过极限值，并以“电流击穿”形式，使支路中电阻片被击穿，并在击穿元件处引起电弧，最终导致 2 号机组灭磁电阻连接铁皮融化并将部分 SiC 连接片烧裂。

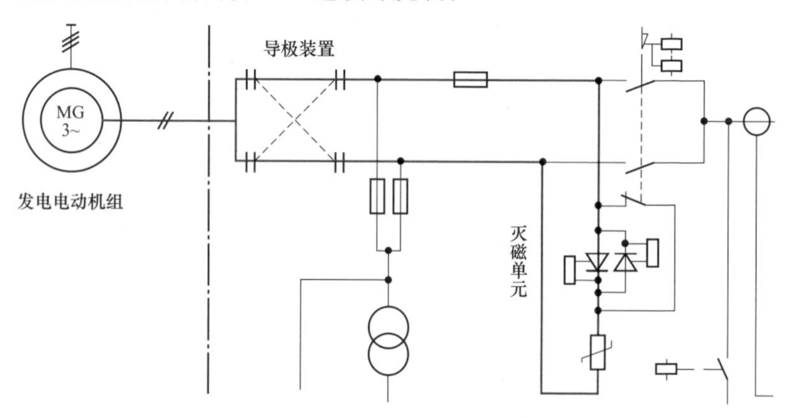

图 2-7-1　2 号机组转子感应电压全部加在其灭磁电阻上

2 号机组灭磁断路器分闸后，2 号机组从 1 号机组吸收大量无功功率，将近 100Mvar，而此时定子电流为 5.5kA，如图 2-7-2 所示，从而触发 2 号机组低频过流保护动作。

重启 1 号机组监控下位机，更换 2 号机组灭磁电阻，经相关试验正常。

二、事件原因

直接原因：1 号机组监控下位机通信故障，未执行停机命令，使机组背靠背运行时 1 号机组与 2 号机组还建立有电气连接。

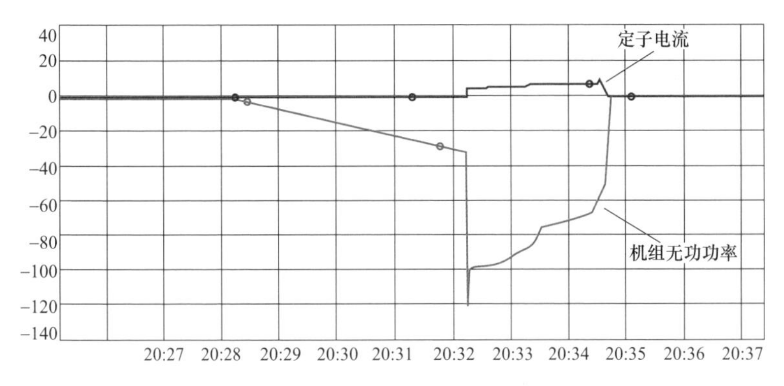

图 2-7-2　2 号机组定子电流和无功功率

三、暴露问题

（1）设备维护不到位。未在设备运维时发现 1 号机组监控下位机存在通信设备质量问题。

（2）逻辑流程设计不合理。

（3）机组灭磁设计不全面。未考虑到有恒压加在灭磁电阻上的情况，灭磁电阻本身材料原因导致灭磁过程中灭磁电阻温度越来越高。

四、防止对策

（1）加强设备运维工作。注重运维工作质量，及时更换存在质量问题设备。

（2）优化逻辑流程。为防止此类事件发生，将被拖动机组隔离开关分闸作为分开被拖动机 FCB 前提条件，防止被拖动机失磁。

（3）联系厂家并开展调研，寻找性能更加优质的灭磁电阻。

五、案例点评

根据现场实际合理设计逻辑流程，使抽水蓄能机组在背靠背启动过程中，发生事故时，能确保拖动和被拖动机组事故停机。监控系统及其测控单元、变送器等自动化设备（子站）应经国家检测资质的质检机构检验合格的产品。另外，要制订相应应急预案，并进行应急演练。

案例 2-8

某抽水蓄能电站 4 号机组抽水运行时顶盖水位过高导致机组跳机

一、事件经过及处置

2011 年 4 月 4 日 03 时 05 分，某抽水蓄能电站 4 号机组抽水运行过程中，监控出现 4 号机组顶盖水位过高报警，4 号机组机械跳机。运维人员现场检查，4 号机顶盖内水位确实过高。

图 2-8-1　顶盖水位浮子布置情况

该电站每台机组顶盖排水系统安装有 3 个水位计浮子，分别为 CL413（顶盖水位正常，停顶盖排水泵）、CL412（顶盖水位高报警，启顶盖排水工作泵）、CL411（顶盖水位高高报警，机组机械跳机），3 个浮子自下而上依次固定于钢板上，顶盖水位浮子布置情况如图 2-8-1 所示。当水位上升时，CL413“停顶盖排水泵”复位，水位继续上升，CL412“启顶盖排水工作泵”动作，顶盖排水系统自动启动工作泵，当出现工作泵故障时，自动启动备用泵。若漏水量异常或顶盖排水系统故障导致顶盖排水系统无法控制顶盖水位继续上升，CL411“机组机械跳机”动作，该信号发生后立即发机械跳机令。

ON-CALL 人员经过查阅监控系统历史记录，发现 4 号机组顶盖排水泵未曾启动，进一步检查发现顶盖水位高浮子 CL412 外露电缆过短而引起动作空间过小，使得浮子无法动作，导致顶盖排水泵不能启动，延长该浮子电缆后，经试验动作正常。

二、事件原因

直接原因：顶盖水位高浮子 CL412 外露电缆过短而引起动作空间过小，使得浮子无法动作，导致顶盖排水泵不能启动排水，最终导致顶盖内水位过高。

三、暴露问题

（1）日常运维工作不到位，未能及时发现顶盖排水系统浮子安装设计工艺缺陷，导致出现浮子不能正确动作现象。

（2）不满足《水轮机基本技术条件》（GB/T 15468—2006）中 4.2.1.13“水轮机的顶盖排水设施，应有备用设备。轴流式水轮机必要时有双重备用，主用和备用设备宜采用不同的驱动方式。排水设备应配备可靠的水位控制和信号装置。”的要求。顶盖排水系统控制逻辑存在较大漏洞，没有启动备用泵命令，当来水量超过一台泵的排水能力时将导致机组跳机，降低运行可靠性。

（3）由于肋板将内顶盖分割为多个独立腔室，腔室之间自流排水孔太小，自流排水能力有限。同时，由于顶盖排水泵取水口取自其中一个腔室，因此当该腔室水位很快排空后，其他腔室水位依然较高。

（4）由于机组振动导致顶盖内主轴密封水箱观察孔塑料盖板经常脱落导致向外溅水，使得顶盖水位容易升高，频繁启动顶盖排水泵。

四、防止对策

（1）对 1～4 号机组顶盖排水系统进行系统检查，调整浮子及其安装外露电缆长度，使得浮子均能正确动作。

（2）对顶盖排水系统控制逻辑进行修改：CL411 顶盖水位高高报警，启顶盖备用排水泵延时 10s，若报警未复归发机械跳机令。

（3）结合每次定检，对主轴密封水箱观察孔塑料盖板进行检查加固，以减少漏水量。

（4）加强对每台机组的顶盖排水泵运行情况监测，定期到现场检查顶盖水位。

五、案例点评

顶盖内潮湿闷热且振动大，运行环境恶劣，会加速顶盖水位浮子开关及相关控制电缆的老化、损坏，且位置比较隐蔽，巡检不易观察到，应加大此类设备的维护力度。同时，应优化相关控制逻辑，持续提高设备可靠性。

案例 2-9

某抽水蓄能电站 1 号机组抽水工况运行时球阀全关位置行程开关触点受潮短路导致跳机

一、事件经过及处置

2012 年 5 月 15 日，某抽水蓄能电站 1 号机组抽水工况带 -300MW 负荷稳态运行，04 时 43 分 1 号机组球阀异常关闭，机组 A 套保护装置低功率保护动作带负荷跳机。

04 时 45 分运行人员分析监控系统历史记录，机组运行过程中出现球阀紧急关闭命令；维护人员查看球阀控制逻辑，确认关闭逻辑为在球阀未处于开启流程中，同时出现球阀全关位置信号时，启动球阀关闭流程；再查看球阀及监控系统二次图纸，球阀全关位置信号取自球阀现地控制柜内继电器 117XR 一动合触点，而继电器 117XR 则由球阀全关位置行程开关控制。现场检查发现，球阀本体结露现象比较严重，冷凝水渗入球阀全关位置行程开关内部使其受潮，导致内部触点短路。05 时 55 分对 1 号球阀全关位置行程开关进行干燥处理，并进行密封防潮处理后，机组试验正常。

二、事件原因

直接原因：球阀全关位置行程开关内部触点受潮短路。

间接原因：南方 5、6 月份正当梅雨季节，空气湿度大，地下厂房除湿措施不到位、自动化元器件防潮密封工艺不到位。

三、暴露问题

（1）未严格执行《水电厂自动化元件（装置）及其系统运行维护与检修试验规程》（DL/T 619—2012）中 4.1.1“应对水电厂自动化元件（装置）及其系统进行定期巡视、检查，发现异常应及时处理”及 4.1.7“发电机层、水轮机层、进水阀门室及控制室等部位的温度和湿度应满足各元件（装置）及其系统对环境的要求”等规定。

（2）运维管理不到位。重点部位自动化元器件防潮密封工艺不到位，导致元器件易受潮；设备结露比较严重，未引起足够重视，电站未采取有效措施改善设备运行环境。

四、防止对策

（1）对其他机组球阀位置行程开关和机组自动化元器件进行全面检查和干燥处理，并采用密封胶进行密封防潮。

（2）在球阀室装设移动除湿机，改善球阀室设备运行环境。

（3）全面检查各个盘柜运行情况，投入加热装置。

（4）针对梅雨季节地下厂房湿度大的特点，优化地下厂房通风空调系统运行方式，维持厂房温湿度，防止自动化元器件受潮误动、拒动。

五、案例点评

对未安装温控装置的盘柜可通过技术改造安装温控装置；梅雨季节，加大易受潮设备、自动化元器和盘柜的巡查力度，发现问题及时处置；从源头上控制空气湿度，优化地下厂房通风空调系统运行方式，切实改善设备运行环境。

案例 2-10

某抽水蓄能电站 3 号机组抽水启动过程中蠕动信号丢失导致启动失败

一、事件经过及处置

2013 年 2 月 1 日 03 时 02 分，某抽水蓄能电站 3 号机组抽水开机，开机过程中出现如下报警：Speed Switch Creep（<>0，RV16）DETECTED → N-DET（该报警含义为：监控检测不到机组蠕动信号），80 毫秒后机组机械跳机，此时机组转速已上升至 80% 额定转速。

该抽水蓄能电站为防止导叶开启或 SFC（静态变频）开始拖动机组后，机组因为某些原因不能转动，而设置相应延时跳机，动作逻辑为：当机组抽水启动过程中 SFC 启动 15 秒后，如果收不到蠕动信号则跳机；当导叶打开后 30 秒（包括发电启动、抽水调相转抽水过程中、发电稳态、抽水稳态、拖动机、黑启动机组等），如果收不到蠕动信号则跳机，该机械保护组态如图 2-10-1 所示。

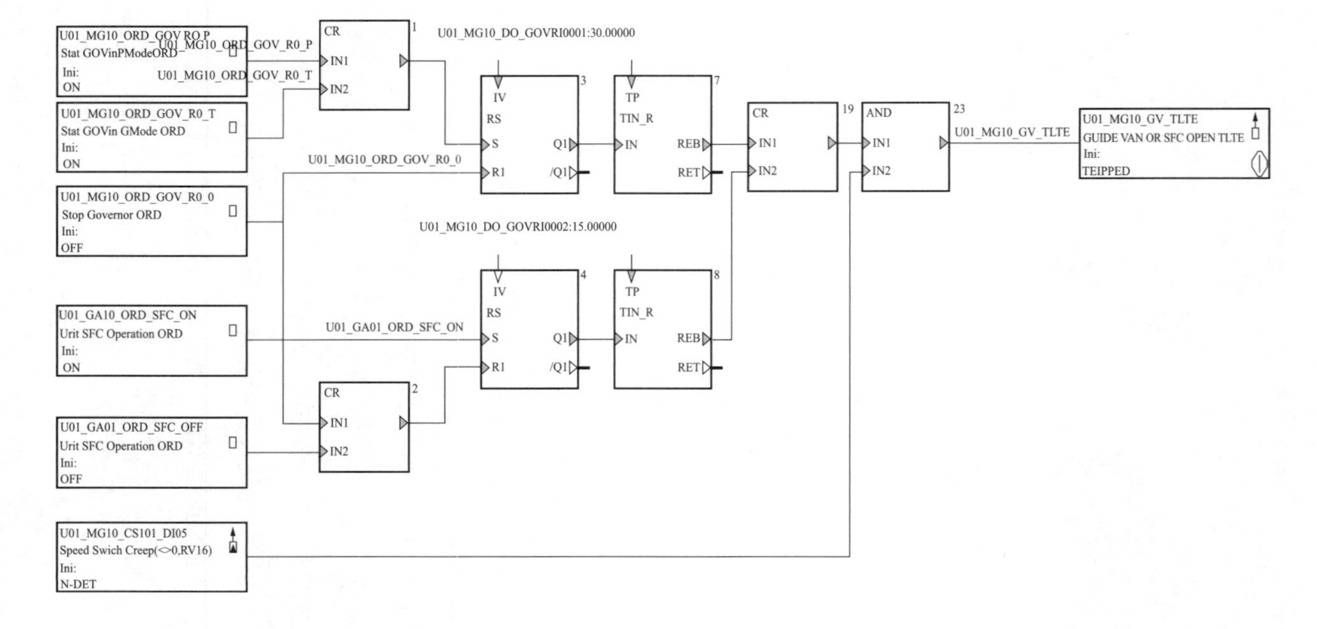

图 2-10-1 蠕动转速保护组态

检查发现转速继电器 RV16 信号触点黏连。当转速信号大于 0 时，RV16 动断触点无法正常分开，送至监控即为 Speed Switch Creep（<>0，RV16）无法变位，导致机组收不到蠕动信号启动紧急停机流程。对黏连的转速继电器 RV16 进行更换，并对电调柜内其他所有相关继电器进行重新校验，均无异常。

二、事件原因

直接原因：转速继电器 RV16 信号触点黏连，导致机组抽水启动过程中转速大于 0 时未正常向监控送出蠕动转速信号，监控因未收到机组蠕动信号触发紧急停机流程，是此次机组启动失败的直接原因。

三、暴露问题

（1）保护逻辑设置不合理。该保护在监控发出导叶开启令、SFC 启动令后未收到机组蠕动信号延时跳机，当延时时间过后，无论机组处于什么状态，若蠕动信号丢失，机组同样会跳机，超出应有的导叶开启超时或 SFC 拖动启动超时保护功能范围，变成一个机组蠕动信号检测保护。

（2）运维工作不到位。保护逻辑不合理问题未及时发现。

四、防止对策

全面梳理完善机组机械保护组态，增加一路转速判别信号，取机组模拟量转速信号进行比较，当转速不大于某一设定值（如 5% 额定转速）且机组未检测到蠕动信号，则允许保护出口跳机，反之则闭锁该保护。

五、案例点评

加强保护逻辑设计环节审查，同时在运行阶段要对照相关规范要求，结合设备运行情况，不断优化保护逻辑，提高设备可靠性。日常运维中要加强继电器校验，将继电器校验纳入机组检修项目，及时排除继电器故障。

案例 2-11

某抽水蓄能电站 5 号机组抽水运行过程中励磁故障导致机组甩负荷

一、事件经过及处置

2013 年 7 月 24 日 23 时 52 分，某抽水蓄能电站 5 号机组抽水工况启动运行过程中低压过流保护动作，5 号机组出口断路器跳闸，机组带 55MW 负荷跳机。

故障发生后，运维人员对发电机、励磁变压器、励磁系统设备进行隔离、检查，分析故障时监控报警记录、监控趋势图、波形图和保护装置日志，判断励磁系统故障导致机组带负荷跳机。对励磁控制盘内情况进行检查（如图 2-11-1 所示），发现 1 号功率柜晶闸管 U 相正负极、W 相正负极快速熔丝熔断，W 相晶闸管交流侧母排连接螺栓烧损；2 号功率柜 W 相正极快速熔丝熔断，交流侧过电压保护装置三相熔丝熔断，交流侧过电压保护装置母排侧连接电缆三相烧断，三相交流母排端部烧损，脉冲控制板损坏，部分引线、晶闸管绝缘支撑和柜体构件烧损。

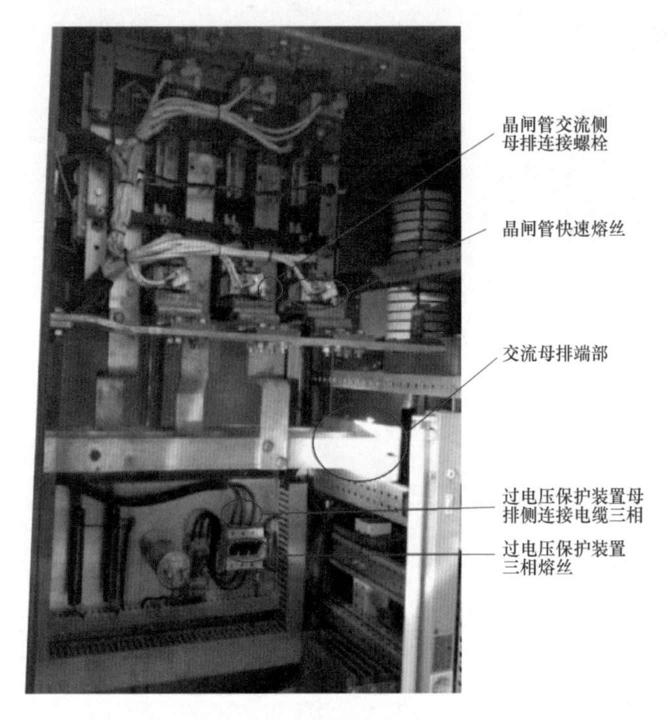

图 2-11-1　励磁控制盘内各部件位置

现场更换 1 号功率柜晶闸管熔断熔丝 4 只，对已烧毁的二次线全部更换，对盘柜进行全面清扫。2 号功率柜损坏元件中，晶闸管散热片、晶闸管快速熔丝的故障指示触点、三相母排无备件，暂时无法修复。励磁正常运行时仅需一个功率柜，故考虑首先将 1 号功率柜恢复运行。全部处理完毕后对 5 号机组励磁系统进行了如下试验：

（1）机组静态调试：励磁系统小电流试验，录波正常。

（2）机组动态调试：发电机零起升压试验，调节器手自动切换试验，发电试验（手动、自动）、SFC 抽水试验，试验正常。

2013年7月29日16时20分，将1号功率柜投运，机组调试后恢复备用状态。2013年8月15日，将2号功率柜恢复备用状态。

二、事件原因

直接原因：2号功率柜内交流母排端部三相短路，机端电压下降，励磁系统控制器强励限制动作。

间接原因：设计不合理，励磁三相交流铜排端部使用半包绝缘挡板。

三、暴露问题

（1）设备日常维护管理不到位，对高压设备测温管理不规范。

（2）励磁三相交流铜排端部用半包绝缘挡板设计不合理。

（3）励磁系统备品备件不充足，以至于在紧急处理时出现备品备件短缺的情况。

（4）监控系统采集励磁系统点数较少，无法准确获知故障信息。没有灭磁开关事故跳闸联跳发电机出口开关控制逻辑。

四、防止对策

（1）完善运维管理和设备巡检标准，落实闭环管理，加强监督检查力度，确保运维工作到位。

（2）举一反三，加强隐患排查治理。将5号机组、6号机组励磁2号功率柜交流母排端部支撑绝缘件的绝缘挡板拆除。

（3）配置励磁系统备品备件，满足备品备件定额要求。

（4）落实监控、保护与励磁控制合理配合技术措施，完善跳闸逻辑。

五、案例点评

将日常运维管理精细化，把隐患消除在萌芽状态，才能确保设备可靠运行。细化巡检项目，提高巡检质量，加强运行、维护、专工等多层级巡检，确保及时发现并消除隐患。细化定检项目，结合月度定检工作消除日常维护死角，提高设备健康水平。加强备品备件的管理，严格按照备品备件定额储备，确保消缺及时，防止事故扩大。

案例 2-12

某抽水蓄能电站 3 号机组发电运行过程中调速器油位过低造成机组事故停机

一、事件经过及处置

2013 年 8 月 9 日 11 时 03 分，某抽水蓄能电站 3 号机组发电开机并网，11 时 11 分机组调速器集油箱油位过低机械保护动作，机组紧急停机。

现地检查 3 号机组调速器集油箱油位计电磁开关（调速器集油箱油位计上共有 4 个电磁开关，开关 F041 为高油位报警，F042 为低油位报警，F043 为过低油位报警，F044 为最低油位跳闸及停油泵）：最低信号电磁开关 F044 的动断触点在断开状态，调速器集油箱油位低开关 F042 的动断触点在断开状态，调速器集油箱油位过低开关 F043 的动断触点在闭合状态，K5 跳闸信号继电器失磁。然而检查发现，调速器集油箱油位在低油位开关 F042 处，并未达到最低油位动作区域。判断为机组刚开机 7 分钟，且并网后机组负荷调整较大，刚调整到 200MW，调速器集油箱油位下降幅度较大，调速器油位低信号开关 F042 动作，而最低油位开关 F044 此时处于异常断开状态，致使调速器集油箱油位最低继电器 K5 失磁，发出最低油位跳闸信号。

如图 2-12-1 所示，油位最低信号开关 F044 由两对独立的电磁触点组成，一对动断触点用于跳闸回路，一对动合触点送到监控系统作为低油位报警。经过分析，F044 中用于跳闸触点的开关因电磁干扰误动作处于断开状态，而用于报警触点的开关未动作，不能向监控系统发出油位开关动作信号，未能及早发现该开关的异常。

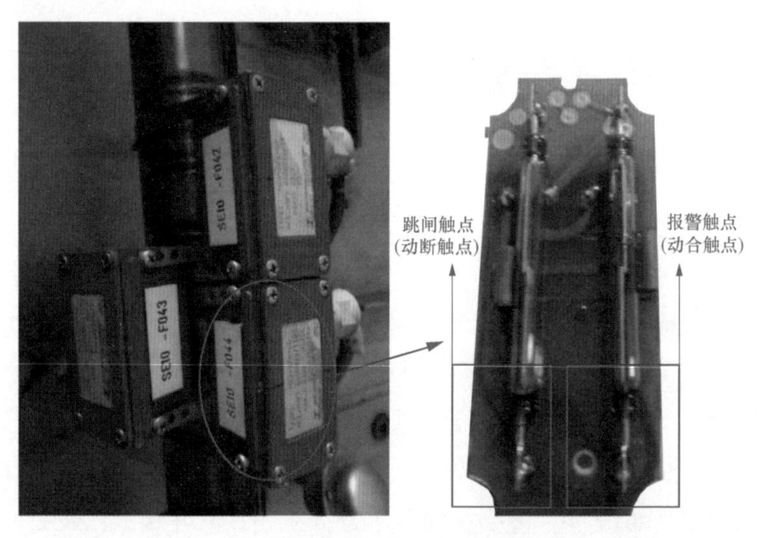

图 2-12-1　F044 电磁开关由两对独立的磁性干簧触点构成

根据调速器集油箱油位下降幅度较大现象对调速器补气回路进行异常分析，并进行了逐项排除，最终发现执行电磁阀 Y101 动作异常，不能进行正常的补气。更换补气回路电磁阀 Y101，更换后测试自动补气功能正常及补气时间正常。更换调速器油箱油位最低开关 F044，测试各触点动作正常。调节调速器油罐和调速器油箱油位至正常状态。

二、事件原因

直接原因：调速器低油位开关动作且最低油位开关触点失效。

间接原因：调速器的补气执行电磁阀 Y101 在运行中出现了故障，补气回路未进行补气，导致调速器压力油罐的压力降低，致使调速器油箱油泵启动，从而使调速器油箱油位迅速降低至低油位之下。

三、暴露问题

（1）设备维护不到位，存在盲点，对于原设计中存在报警和跳闸使用不同触点的现象，传动试验时未能发现问题。

（2）原设计中存在缺陷，致使报警信号的触点和跳闸信号的触点不一致，导致信号未报警，但是跳闸闭锁的触点已经失去保护闭锁。设备中的油位开关触点状态检查不方便，不便于巡视中发现问题。

（3）设备元件老化严重。

四、防止对策

（1）加强培训，切实提高现场运维人员的技术水平，提高设备运维质量。

（2）尽快针对原设计缺陷，结合现场的实际情况，设计回路异动方案，使之满足以下条件：首先，报警触点和跳闸闭锁触点同源，避免跳闸触点已经失去闭锁但是却不报警的现象；其次，要使油位开关的状态便于巡视检查，直观易见。

（3）对调速器补气电磁阀，球阀补气电磁阀等补气电磁阀进行检查，对老化的元器件进行更换，消除类似的回路故障。

五、案例点评

对于原设计存在缺陷的设备，要结合现场实际情况，尽快对回路进行优化，消除由于设计缺陷带来的隐患。对于投运时间较长的老化设备，必须根据实际情况调整检修维护项目，在日常维护检修工作中提出明确的要求，提高检修维护的频次，对老化的元器件进行更换，保证设备的正常运行。

案例 2-13

某抽水蓄能电站 1 号主变压器 A 组保护盘主保护装置正常运行时因大差保护误动导致 500kV 断路器跳闸

一、事件经过及处置

2013 年 12 月 13 日 07 时 52 分，某抽水蓄能电站 1 号机组抽水调相转抽水过程中，1 号主变压器大差保护动作，1 号机组出口断路器及磁场断路器跳闸、1 号机组电气事故停机、500kV 5051 断路器跳开，因 1、2 号主变压器同属一个 500kV 出线 5051 断路器单元，当 5051 断路器跳闸导致 2 号主变压器跳闸而退备。为确保相关设备安全，跳闸后立即安排相关人员对主变压器、发电电动机及出口母线等电气一次以及继电保护装置、故障录波器等电气二次设备进行检查，未见异常。故障过程继电保护装置报文如图 2-13-1 所示。

检查主变压器大差保护动作过程发现，本次故障发生时刻在 1 号机组抽水调相并网过程中（2013 年 12 月 13 日 07 时 50 分 58 秒），机组出口断路器合闸后的冲击电流为 $0.12I_n$（如图 2-13-2 所示），

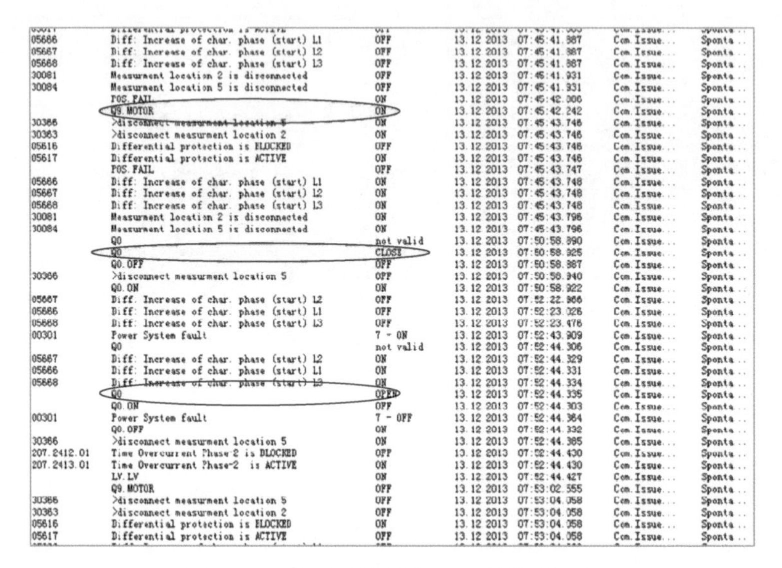

05686	Diff: Increase of char. phase (start) L1	OFF	13.12.2013	07:45:41.887	Com.Issue...	Sponta...
05687	Diff: Increase of char. phase (start) L2	OFF	13.12.2013	07:45:41.887	Com.Issue...	Sponta...
05688	Diff: Increase of char. phase (start) L3	OFF	13.12.2013	07:45:41.887	Com.Issue...	Sponta...
30081	Measurment location 2 is disconnected	OFF	13.12.2013	07:45:41.931	Com.Issue...	Sponta...
30084	Measurment location 5 is disconnected	OFF	13.12.2013	07:45:41.931	Com.Issue...	Sponta...
	POS.FAIL	ON	13.12.2013	07:45:42.006	Com.Issue...	Sponta...
	Q9.MOTOR	ON	13.12.2013	07:45:42.242	Com.Issue...	Sponta...
30366	>disconnect measurment location 5	ON	13.12.2013	07:45:43.746	Com.Issue...	Sponta...
30363	>disconnect measurment location 2	ON	13.12.2013	07:45:43.746	Com.Issue...	Sponta...
05616	Differential protection is BLOCKED	OFF	13.12.2013	07:45:43.746	Com.Issue...	Sponta...
05617	Differential protection is ACTIVE	ON	13.12.2013	07:45:43.746	Com.Issue...	Sponta...
	POS.FAIL	OFF	13.12.2013	07:45:43.747	Com.Issue...	Sponta...
05686	Diff: Increase of char. phase (start) L1	ON	13.12.2013	07:45:43.748	Com.Issue...	Sponta...
05687	Diff: Increase of char. phase (start) L2	ON	13.12.2013	07:45:43.748	Com.Issue...	Sponta...
05688	Diff: Increase of char. phase (start) L3	ON	13.12.2013	07:45:43.748	Com.Issue...	Sponta...
30081	Measurment location 2 is disconnected	ON	13.12.2013	07:45:43.796	Com.Issue...	Sponta...
30084	Measurment location 5 is disconnected	ON	13.12.2013	07:45:43.796	Com.Issue...	Sponta...
	Q0	not valid	13.12.2013	07:50:58.890	Com.Issue...	Sponta...
	Q0	CLOSE	13.12.2013	07:50:58.925	Com.Issue...	Sponta...
	Q0.OFF	OFF	13.12.2013	07:50:58.987	Com.Issue...	Sponta...
30366	>disconnect measurment location 5	OFF	13.12.2013	07:50:58.940	Com.Issue...	Sponta...
	Q0.ON	ON	13.12.2013	07:50:58.922	Com.Issue...	Sponta...
05687	Diff: Increase of char. phase (start) L2	OFF	13.12.2013	07:52:22.966	Com.Issue...	Sponta...
05686	Diff: Increase of char. phase (start) L1	OFF	13.12.2013	07:52:23.026	Com.Issue...	Sponta...
05688	Diff: Increase of char. phase (start) L3	OFF	13.12.2013	07:52:23.476	Com.Issue...	Sponta...
00301	Power System fault	7 - ON	13.12.2013	07:52:43.909	Com.Issue...	Sponta...
	Q0	not valid	13.12.2013	07:52:44.306	Com.Issue...	Sponta...
05687	Diff: Increase of char. phase (start) L2	ON	13.12.2013	07:52:44.329	Com.Issue...	Sponta...
05686	Diff: Increase of char. phase (start) L1	ON	13.12.2013	07:52:44.331	Com.Issue...	Sponta...
05688	Diff: Increase of char. phase (start) L3	ON	13.12.2013	07:52:44.334	Com.Issue...	Sponta...
	Q0	OPEN	13.12.2013	07:52:44.335	Com.Issue...	Sponta...
	Q0.ON	OFF	13.12.2013	07:52:44.303	Com.Issue...	Sponta...
00301	Power System fault	7 - OFF	13.12.2013	07:52:44.364	Com.Issue...	Sponta...
	Q0.OFF	ON	13.12.2013	07:52:44.332	Com.Issue...	Sponta...
30366	>disconnect measurment location 5	ON	13.12.2013	07:52:44.385	Com.Issue...	Sponta...
207.2412.01	Time Overcurrent Phase-2 is BLOCKED	OFF	13.12.2013	07:52:44.430	Com.Issue...	Sponta...
207.2413.01	Time Overcurrent Phase-2 is ACTIVE	ON	13.12.2013	07:52:44.430	Com.Issue...	Sponta...
	LV.LV	ON	13.12.2013	07:52:44.427	Com.Issue...	Sponta...
	Q9.MOTOR	OFF	13.12.2013	07:53:02.555	Com.Issue...	Sponta...
30366	>disconnect measurment location 5	OFF	13.12.2013	07:53:04.058	Com.Issue...	Sponta...
30363	>disconnect measurment location 2	OFF	13.12.2013	07:53:04.058	Com.Issue...	Sponta...
05616	Differential protection is BLOCKED	ON	13.12.2013	07:53:04.058	Com.Issue...	Sponta...
05617	Differential protection is ACTIVE	OFF	13.12.2013	07:53:04.058	Com.Issue...	Sponta...

图 2-13-1[1] 故障过程继电保护装置报文

超过大差保护装置内部 IM5 测点残余电流门槛值 0.1I_n（如图 2-13-3 所示），根据测量点断开与投入的切换逻辑判据[2]可知，大差保护自动判别此时不允许投入 IM5 测点（主变压器大差保护未切换至“抽水模式”），工作模式切换[3]失败，机组进入抽水工况时主变

[1] 07:45:42.242，“Q9 MOTOR ON”抽水方向换相隔离开关合闸；1 号机组抽水调相启动。07:50:58.925，“Q0 CLOSE”机组出口断路器合闸。07:52:44.335，“Q0 OPEN”机组出口断路器跳闸。

[2] 测量点断开与投入的切换逻辑判据：检查测量点电流是否低于“测点残余电流门槛值”并满足相应的逻辑条件，即某个工作模式测量点切换时刻初始值低于测点残余电流门槛值时，保护装置监测到未存在大电流时执行工作模式切换的逻辑。

[3] 根据机组的不同运行方式，主变压器大差保护分为“空载模式”“抽水模式”“发电模式”。各模式下对应选择 TA 测量点为“断开 IM2 及断开 IM5”“断开 IM2”“断开 IM5”。当主变压器大差保护由“空载模式”转换为“抽水模式”时，大差保护应从“断开 IM2 及断开 IM5”状态转换至“断开 IM2”状态，即“投入 IM5”信号，具体投入过程如图 2-13-4 所示（Q9 是机组换相隔离开关；Q0 是机组出口断路器），通过相应控制逻辑进行判断。

大差保护工作于“空载模式”，主变压器高低压侧 TA 电流均流向发电机侧，差动保护装置计算各侧差动电流矢量和为 0.4I_n，达到大差保护启动定值出口跳闸，如图 2-13-2 所示。

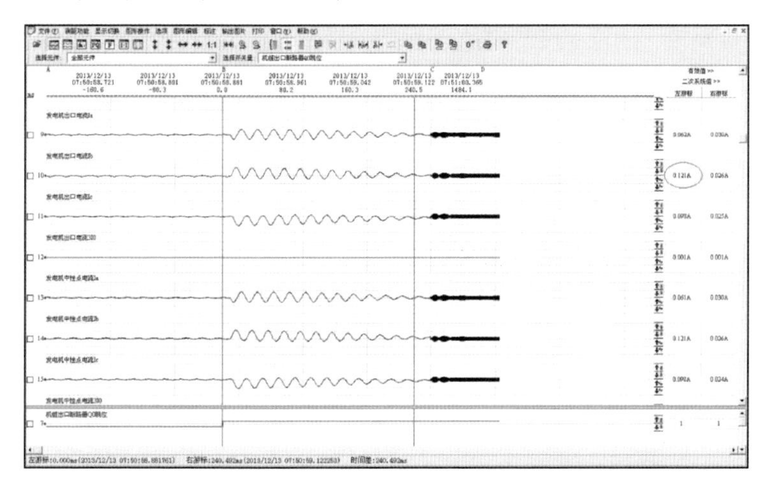

图 2-13-2　机组出口断路器合闸后的冲击电流为 0.12I_n

对 1 号及 2 号主变压器本体进行检查，并对其绝缘油进行油色谱分析，均未发现异常，说明主变压器本体无故障。

为解决因发电机出口断路器合闸瞬间冲击电流超过“门槛值”，造成大差保护工作模式测量点不能正常切换的问题，经与装置厂家研究确定后，将主变压器大差保护内部参数“测点残余电流门槛值”由 0.1A 修改至 0.2A（如图 2-13-3 所示），现场进行测点断开与投入试验正常。为解决由于主变压器保护装置未正常收到换相隔离开关位置节点，导致无法判别机组运行工作模式，进而造成大差保护误动作的问题，在主变压器保护逻辑中增加主变压器大差保护的闭锁条件：“换相隔离开关不在切除位置”“换相隔离开关不在发电位置”“换相隔离开关不在抽水位置”三个条件相“与”，之后输出“主变大差保护闭锁”，即：保护装置在未收到换相隔离开关的任一位置开入量时判断外部换相隔离开关位置信号异常，闭锁主变压器大差保护动作，如图 2-13-4 所示。

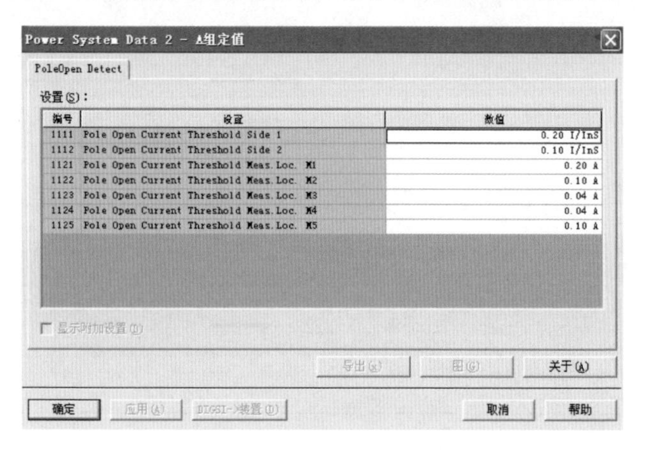
Power System Data 2 - A组定值

PoleOpen Detect

设置(S)：

编号	设置	数值
1111	Pole Open Current Threshold Side 1	0.20 I/InS
1112	Pole Open Current Threshold Side 2	0.10 I/InS
1121	Pole Open Current Threshold Meas.Loc. M1	0.20 A
1122	Pole Open Current Threshold Meas.Loc. M2	0.10 A
1123	Pole Open Current Threshold Meas.Loc. M3	0.04 A
1124	Pole Open Current Threshold Meas.Loc. M4	0.04 A
1125	Pole Open Current Threshold Meas.Loc. M5	0.10 A

显示附加设置(D)

导出(X)　图(G)　关于(A)

确定　应用(A)　DIGSI->装置(D)　取消　帮助

图 2-13-3　大差保护装置内部 IM5 测点残余电流门槛值

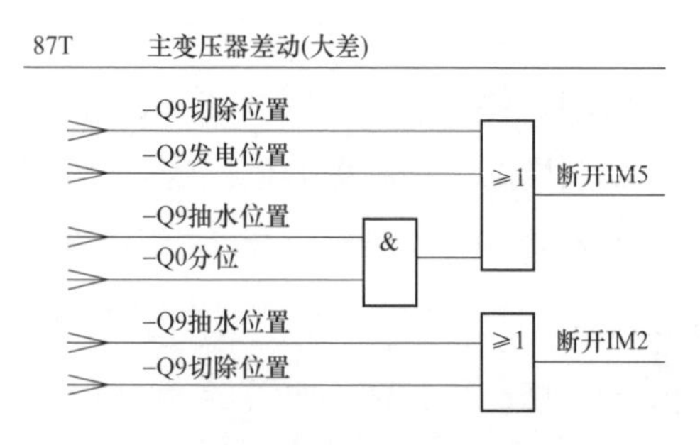

图 2-13-4　主变压器大差保护工作模式切换逻辑

经与调度申请，2 号发电机、变压器于 12 月 13 日 21 时 53 分恢复运行。1 号发电机变压器组于 12 月 15 日 15 时 25 分恢复运行。

二、事件原因

直接原因：主变压器大差保护内部参数“测点残余电流门槛值”设置偏低，未能躲过发电机出口断路器合闸瞬间冲击电流，造成大差保护工作模式测量点不能正常切换，导致保护装置误动是此次跳闸事故的直接原因。

三、暴露问题

大差保护出厂参数设置未考虑发电机出口断路器合闸瞬间冲击电流变化过大且超过测点残余电流门槛值等偶发情况，致使主变压器大差保护工作模式不能正常切换，造成大差保护误动作。

四、防止对策

（1）将1～4号主变压器保护装置大差保护测点残余电流门槛值由0.1A修改至0.2A，并进行现场模拟试验，确保在设定电流变化范围内，大差保护可以正确判断工作模式，保护试验结果正常。

（2）将1～4号主变压器大差保护逻辑中增加修改了主变压器保护装置在未收到换相隔离开关的任一位置开入量时判断外部换相隔离开关位置信号异常，闭锁主变压器大差保护动作。

（3）在大差保护逻辑中增加“复压判别条件”，即机组工作模式转换同时，如果主变压器低压侧电压正常，则闭锁大差保护动作。防止正常运行情况下，因外部开入量误变位，导致不应有测量点切换致使主变压器大差保护误动。

五、案例点评

随着保护装置硬件水平的不断提高，多种原理的综合应用，采样精度和计算精确度也在提高，但仍不能完全避免保护误动作，为提高设备的安全稳定运行水平，运维人员在日常运行维护中应多从硬回路闭锁和逻辑补充完善两个主要方面来提高保护动作的可靠性。

案例 2-14 某抽水蓄能电站 1 号机组发电运行时机械制动投入信号误动导致机组带负荷跳机

一、事件经过及处置

2014 年 11 月 2 日 17 时 32 分，某抽水蓄能电站 1 号机组发电工况运行时，1 号机组机械制动投入信号动作，机组发电工况带 300MW 电气事故停机。

该电站每台机组配置 8 个制动风闸（简称“风闸”），机械制动投入的判断逻辑为 8 个风闸中任何一个投入，即判断机械制动投入。当机组转速＞ 35% 额定转速且机械制动投入，则机组监控系统执行电气事故停机流程。

在做好机组隔离安全措施后，运维人员进入发电电动机风洞内检查，发现 1 号机组 7 号风闸机械制动投入信号位置开关拐臂滚轮卡在机械驱动连杆上（如图 2-14-1 所示），微动该位置开关在监控系统即可收到机械制动投入位置信号。确认为 7 号风闸机械制动投入信号位置开关在机组发电运行时发出机械制动投入信号，导致机组电气事故停机。

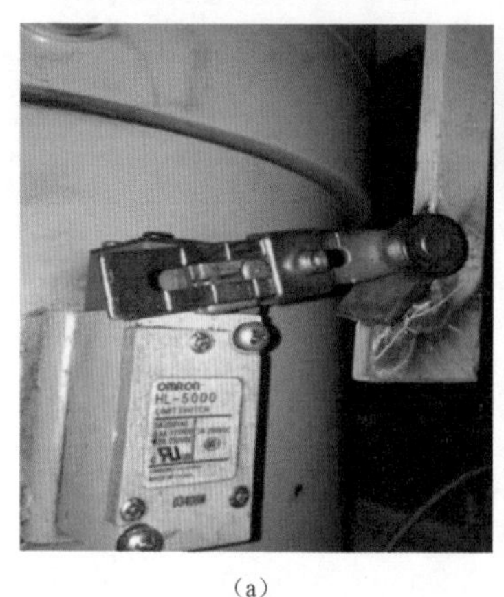

（a）

（b）

图 2-14-1 故障发生时 7 号风闸机械制动投入位置开关实际位置

（a）直视图；（b）俯视图

运维人员对 7 号风闸机械制动投入位置开关进行更换、拐臂进行调整，保证其可靠动作，同时对其余风闸机械制动投入位置开关及其拐臂进行相应调整。在机组监控系统程序中“高转速加风闸电气事故停机”判断逻辑中串联“风闸下腔有压”“机械制动不在退出位置”信号，防止因单个风闸机械制动投入位置开关信号误动作，而触发机组电气事故停机。

二、事件原因

直接原因：1 号机组 7 号风闸在机组运行过程中误发出机械制动投入信号，触发监控系统高转速加风闸电气事故停机保护，是导致此次机组跳机的直接原因。

间接原因：监控系统中单一元器件即判断机组机械制动投入

逻辑不合理是导致此次机组跳机的间接原因。

三、暴露问题

未严格执行《国家能源局防止电力生产事故的二十五项重点要求》（国能安全〔2014〕161 号）中 23.3.7.4“定期检查水轮发电机机械制动系统，……，严禁高转速下投入机械制动”和《国家电网公司水电厂重大反事故措施》（国家电网基建〔2015〕60 号）中 6.2.3.2“应定期检查机械制动系统，……；严禁高转速下投入机械制动”等条款规定的反事故措施。

（1）该机组风闸机械驱动连杆为最近一次 C 级检修时加工改造的，本次事件暴露出设备改造后试验次数不够，连杆机构还有待完善。

（2）监控系统中“高转速加风闸电气事故停机”判断逻辑不合理，采用单一元器件即判断机组机械制动投入，存在较大误跳机组风险。

（3）日常运维工作不到位，对监控系统程序核查不全面不仔细，未及时发现此程序逻辑判断的不完善。

四、防止对策

（1）对于类似的改造，要经充分的试验和论证。

（2）完善监控系统程序，优化逻辑，提高设备可靠性。

（3）对其他机组制动风闸投入位置开关进行全面检查和调整。

（4）举一反三，完善其他机组监控系统程序内“高转速加风闸电气事故停机”逻辑判断程序。

五、案例点评

机组日常运维工作中的小改小革要经过充分论证及试验，涉及安全运行的改动更需慎重，及时跟踪、分析改动设备运行情况，以不断提高设备可靠性；涉及机组停机的监控系统程序，应充分考虑元器件误动的可能，尽量避免采用单一元器件进行逻辑判断，提升逻辑程序动作的可靠性。

案例 2-15 某抽水蓄能电站 3 号机组运行过程中调速器主配位置反馈传感器接头松动导致机组事故停机

一、事件经过及处置

2015 年 1 月 2 日 17 时 48 分，某抽水蓄能电站 3 号机组机械保护动作导致机组跳机。通知运维人员进场，隔离措施完毕后进行现地检查，发现控制面板上主配位置 1、2 模拟量信号显示均为“坏品质”（故障）。

调速器主配位置传感器为机械式位移传感器，用于反馈在调节控制回路中主配压阀位置信号，正常工作中主配位置信号为 4 ~ 20mA，此回路属于单元件跳闸回路。对调速器电调控制柜内主配位置反馈信号变送器 N50 和 N51 信号反馈端电压进行测量，测量结果为 0V。对调速器电气控制柜内主配位置信号进线端子进行测量，工作电源正常（23.19V），反馈信号为 0mA。在主配位置转接柜内相对应转接端子测量，工作电源正常（23.19V），反馈信号为0mA。检查主配阀位置反馈传感器接头，发现主配位置反馈传感器组合接头松动，主配位置信号插头紧固锁母为双头紧固螺栓，如图2-15-1所示。

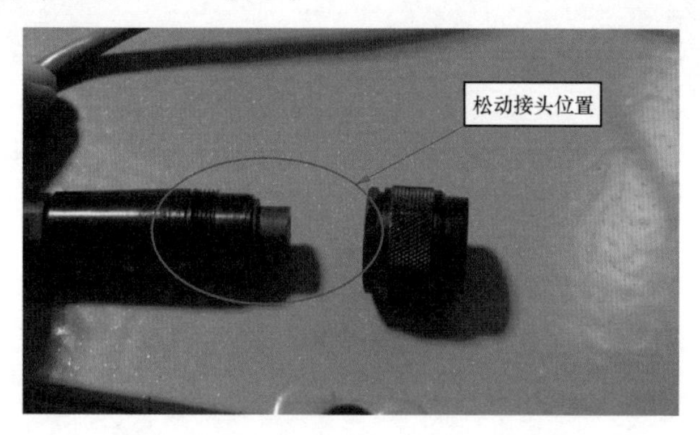

图2-15-1 主配位置传感器组合接头分解

对调速器主配位置传感器接头进行锁紧处理，调速器主配位置反馈信号正常。经过手动开导叶试验和发电并网试验调速器运行正常。

二、事件原因

直接原因：机组运行中振动引发调速器主配位置信号传感器连接接头侧的锁母松动，导致主配位置反馈电流信号消失。

三、暴露问题

（1）运维人员在日常维护时未检查整个连接传感器，仅对连接传感器一端的锁母进行紧固检查，日常维护工作流于表面，不够深入、全面。

（2）培训不到位，运维人员技术水平达不到要求，技术培训力度不足，对设备结构掌握不全面，致使运维业务水平不高。

（3）在运维过程中，主配阀位置反馈传感器组合接头未维护到位，都未被发现。设备检修工作精细化管理有待加强。

四、防止对策

（1）合理调整运维工作的检修项目。结合现场实际，将易于发生松动的自动化元件检查项目列入检修标准项目或作业指导书中。加强针对性检查，增加相关设备的检查维护频次。

（2）务实做好技术培训工作。加强运维人员的技术培训，重点做好调速器自动化元件的专题培训，切实提高运维人员的综合素质。

（3）严格执行检修标准项目或作业指导书。在进行运维作业时，要履行好验收程序。

五、案例点评

二次元器件的安装工艺、检修质量直接影响设备系统的运行可靠性，因此二次设备的日常运维是保障电站安全稳定运行最基础的工作。要提高日常运维的质量，首先要求日常运维人员要充分掌握二次设备的组成、结构及其属性，要不断加强运维人员岗位技能培训，提升其技能水平。同时，要履行好运维工作验收程序，把好安全关。

案例 2-16

某抽水蓄能电站 2 号机组发电运行过程中尾闸行程开关端子接线不良导致机组跳机

一、事件经过及处置

2015 年 3 月 29 日，某抽水蓄能电站 2 号机组发电带 150MW 负荷稳态运行。19 时 06 分，监控系统报“2 号机组尾水闸门坠落（280mm）”“2 号机组机械跳闸动作”“2 号机组跳机信号启动跳机”“2 号机组调速器紧急停机电磁阀异常动作跳机”等信号，2 号机组出口断路器跳闸，2 号机组事故停机。

运维人员现场检查 2 号机组尾水闸门信号回路，尾闸下坠 280mm、340mm 信号从尾闸位置行程开关经 2 号机组尾闸控制柜端子排送至 2 号机组监控系统，中间未经过 2 号机组尾闸控制系统，也未经过继电器扩展接点再转接。检查尾水事故闸门控制柜端子、2 号机组监控系统端子均未发现松动、搭接不牢现象；检查至尾闸位置行程开关端子盒接线时，发现其端子盒内接线均为多股的软铜线，且其中一个行程开关接线端子两端均有一根软铜丝伸出，距离非常近（如图 2-16-1 所示），存在振动或自然下垂导搭接的可能，轻微的外力作用会导致接点接通，误发尾闸下坠 280mm 信号。现场紧急对软铜丝进行处理压牢（如图 2-16-2 所示），确保不再发生误发尾闸下坠信号。

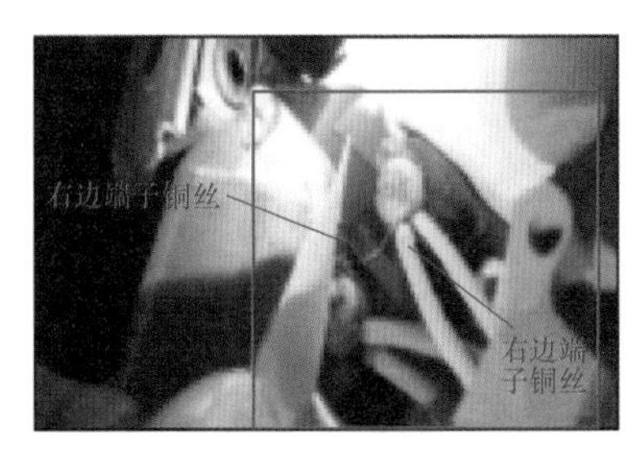

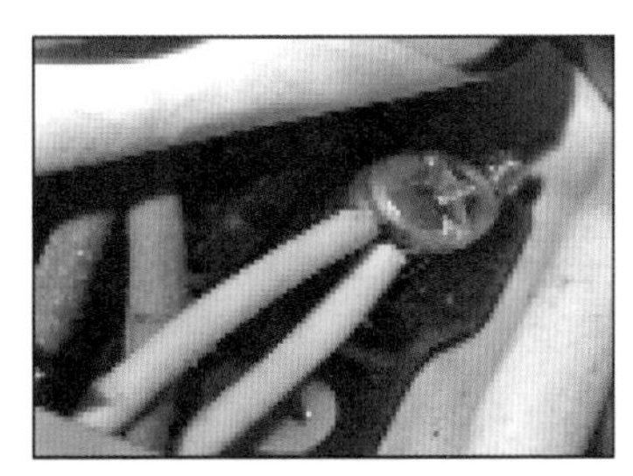

图 2-16-1　跳机后端子接线情况　　图 2-16-2　处理后端子接线情况

二、事件原因

直接原因：机组运行时，尾闸振动导致尾闸位置行程开关端子盒内接线铜丝相互接触，误发尾闸下坠信号，是导致 2 号机组跳机的直接原因。

三、暴露问题

（1）线材选型不合理，尾闸位置行程开关端子接线为软铜线，选用硬铜线即可避免该问题。

（2）电站对于施工方接线质量的管理有欠缺，检查监督不到位。2 号机组尾闸位置行程开关端子接线为施工人员所接，由于人员技能水平差异，导致该端子接线工艺差，两个端子均有一些铜丝未压牢；现场监督人员不到位，未能及时发现软铜线伸出问题。

（3）运维人员注重对装置、继电器的维护，对接线工艺不够重视，设备维护检查不到位。

四、防止对策

（1）结合机组检修将多股软铜线更换为单股硬铜线。

（2）在后续的施工过程中，加强对施工方施工质量的监管，严格按照规程规范的要求执行，做好监督检查，保证电缆接线的施工工艺良好。对于在运设备，结合设备检修，认真组织排查整改。

（3）结合机组检修，对其他 3 台机组尾闸位置行程开关接线进行检查，确认没有铜丝未压紧的情况。举一反三，在机组检修及日常运维过程中，对于有多股软铜线的接线端子，全面检查整改，保证接线工艺质量到位，确保不存在搭接、不牢固、未压紧、虚接等现象。

五、案例点评

加强对端子接线的检查维护，提高接线工艺水平，对接线端子等不易发现的缺陷要提高重视程度，在日常维护工作中将接线质量检查作为一项日常维护项目，防止小毛病引起大事件。

案例 2-17 某抽水蓄能电站 4 号机组发电运行过程中主轴密封测压管进气导致跳机

一、事件经过及处置

2015 年 12 月 11 日，某抽水蓄能电站 4 号机组发电工况带 300MW 负荷运行。17 时 13 分，4 号机组出现主轴密封压差过低报警，4 号机组机械事故停机。

17 时 16 分，运行人员通过查阅监控系统历史记录及机组主轴密封压力历史曲线（如图 2-17-1 所示），发现 4 号机组发电运行过程中，机组主轴密封供水压力与外环排水压力值同时开始下降（压差值最低达到 -0.035MPa），出现机组主轴密封压差低报警、主轴密封压差过低报警，4 号机组机械事故停机。机组主轴密封压差报警及跳机逻辑为：主轴密封压差值小于 0.05MPa 延时 4s 报警，小于 0.03MPa 延时 15s 跳机。

做好 4 号机组隔离措施后，维护人员对 4 号机组主轴密封传感器测压管路进行检查，发现管路内存在较多气体，确认机组主轴密封传感器管路进气导致压力异常。经排气处理后对 4 号机组进行旋转备用试验，机组启停过程中，机组主轴密封压力正常。

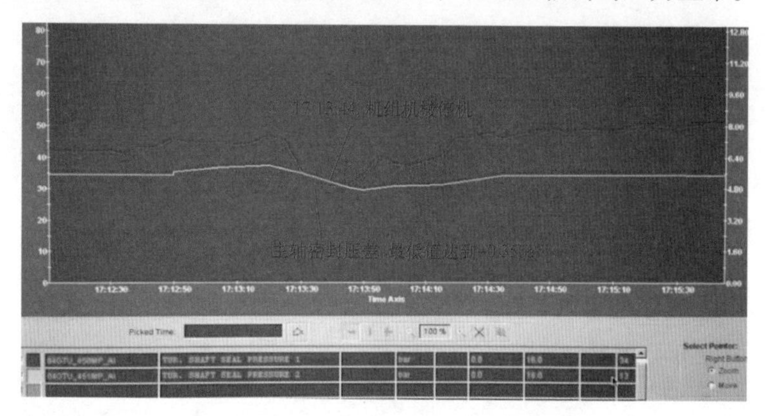

图 2-17-1 主轴密封压力历史曲线

二、事件原因

直接原因：机组主轴密封传感器管路内存在较多空气，供水压力与外环排水压力同时开始下降，低于跳机值。

间接原因：跳机逻辑设计不合理，机组主轴密封压差低直接作用于机械事故停机。

三、暴露问题

（1）运维不到位。未根据抽水蓄能机组启停频繁的特点合理调整排气周期，导致机组主轴密封传感器测压管路内存在较多空气，造成压力异常，最后主轴密封压差过低动作跳机；压力监测模拟量与差压开关动作值存在不一致，暴露出现场校验时，工作流于表面，未深入、细致。

（2）跳闸逻辑设计不合理。未认真分析导致主轴密封压差过低的各种原因，机组主轴密封压差低直接作用于跳机设计不合理。

四、防止对策

（1）加强日常运维管理工作，进行精细化管理。根据抽水蓄能机组启停特点和现场实际情况，合理安排机组主轴密封排气周期，增加排气次数，缩短排气周期；定期对自动化元件（装置）进行检测、校验或试验，确保模拟量与开关量都在允许的误差范围内，其测量值准确，动作灵活、准确、可靠。

（2）优化跳机逻辑，将机组主轴密封压差低直接作用于跳机逻辑修改为机组主轴密封压差小于 0.03MPa 同时主轴密封流量低，延时 15s 时机组机械事故停机。

五、案例点评

为确保机组的安全稳定运行，应根据国家、行业的相关标准并结合抽水蓄能机组复杂工况的实际情况，加强自动化元件（装置）定期检测、校验或试验工作，进行精细化管理；按照水力发电厂自动化设计技术规范的要求优化控制逻辑，既要防止误动作，又要防止拒动作。

案例 2-18

某抽水蓄能电站 4 号机组发电运行过程中调速器油压装置 PLC 死机导致机组甩负荷

一、事件经过及处置

2016 年 2 月 13 日 07 时 18 分，某抽水蓄能电站 4 号机组发电工况投入 AGC 运行，10 时 16 分，4 号机调速器 1 号泵、2 号泵、增压泵送至上位机的自动位信号相继消失，调速器油控柜送至上位机的模拟量信号全部断线，10 时 35 分，上位机出现 4 号机组调速器油压装置事故低油压信号，4 号机组机械跳闸动作，机组执行停机流程。

运维人员首先查看上位机，上位机关于调速器液压系统画面上所有通信量信号均显示为黑色断线状态，压力油罐压力维持在 6.3MPa 不变。赴现地查看调速器油控柜触摸屏，发现调速器压力油罐压力维持在 6.299MPa 不变，查看调速器压力油罐上的指针式压力表，压力显示为 5MPa（事故低油压整定值为 5.2MPa）。查看调速器油压装置 PLC 运行情况，发现 PLC 最后两块 TSX

DSY16T2 DO 板卡 RUN 灯常亮，ERR 灯在闪烁，表明该板卡与 CPU 板卡通信错误；PLC 的 TSX P57104 CPU 板卡 RUN 灯未亮，ERR 灯常亮，I/O 灯常亮，如图 2-18-1 所示，判断为 PLC 应用程序无效、CPU 故障。由此确定为调速器油压装置 PLC 的 CPU 模块板卡故障及 DO 板卡通信错误导致调速器油压装置 PLC 无法运行，进而导致无法正常控制调速器油泵启动打压，最终导致机组调速器压力油罐压力低于整定值，事故低油压动作跳机。

图 2-18-1　调速器油压装置 PLC 故障情况

运维人员更换 TSX P57104 CPU 板卡和 TSX DSY16T2 DO 板卡，上传原程序后进行油泵启停试验，PLC 运行正常，油泵启停正常，后续机组运行正常。

二、事件原因

直接原因：调速器 CPU 模块板卡故障导致调速器油控柜 PLC 无法运行，无法正常控制调速器油泵启动打压。

三、暴露问题

（1）上位机报警设置不完善。调速器油压装置PLC故障会间接导致机组跳机，未设置为一类报警，未能及时有效提醒监盘人员发现并处置异常情况。

（2）值守监盘人员监盘不认真、应急处置不到位。在调速器油压装置出现多个异常信号后未能及时有效处置，避免机组跳机事件发生。

（3）日常运维、检查不到位。机组高频次，高强度运行会加速调速器油控柜PLC电子元器件的老化和故障，日常运维工作中检查不到位。

四、防止对策

（1）增加新的报警信号，让值守监盘人员能够直接、快速发现故障，及时进行人工干预或者故障消缺。

（2）加强值守人员应急处置能力培训，提高值守人员责任心及分析、判断、处置问题的能力。

（3）加强PLC运行监视，加大维护检查频次，将PLC的检查、测试纳入机组定检标准项目，及时发现并解决问题。

五、案例点评

根据运行中出现的问题，及时调整自动化元件维护与检修周期，提高其可靠性。监控上位机信号是值班人员掌握设备运行情况最重要的信息来源，合理的报警设置利于值班人员及时发现异常并处置，在日常运维工作中需不断的梳理、优化监控报警信号，优化人机交换界面，便于值班监盘人员及时发现设备运行异常情况。值守监盘人员应加强异常情况的先期处置，需实时地分析各类异常信息及设备运行状态，及时妥善处置，有效防范不安全事件发生。

案例 2-19

某抽水蓄能电站 3 号机组抽水工况运行时调速器故障导致机组跳机

一、事件经过及处置

2016 年 03 月 13 日 01 时，某抽水蓄能电站 3 号机组抽水工况运行，带负荷 -60MW。19 分 24 秒，3 号机组抽水工况甩负荷事故停机。计算机监控系统显示 3 号机组电调事故停机动作，3 号机组机械事故电磁阀未投入跳闸动作，3 号机组调速器事故停机启动电气事故停机流程；3 号机组电调控制柜现地检查报警信号为“调速器故障”。

查计算机监控系统导叶开度曲线，发现在发“调速器故障”报警信号前 3 号机组导叶实际开度出现了异常变化，从稳定的 75% 开度上升至 100% 开度（调速器抽水工况水头与导叶开度协联曲线设定：在稳态抽水工况运行时导叶开度最大只能达到 92.77%，即使发生水头突变，导叶开度也达不到 100%），且在 100% 开度持续时间达 27s 左右。

在机组导叶设定开度与实际开度比较的调速器控制程序中，当导叶设定开度与实际开度差超过15%，且超过25s，调速器即判定为导叶定位故障，发出“调速器故障”报警信号，启动计算机监控紧急停机流程。

通过对调速器比例伺服阀打开检查发现，平时封闭的油腔中有大量杂质沉积（如图2-19-1所示），随着油路的活动，杂质会进入导叶控制腔，导致调速器比例伺服阀卡涩，引起主配压阀控制异常。

通过更换3号机组调速器比例伺服阀，传动并试验导叶计算开度与实际开度反馈一致。对机组调速器油进行取样化验、分析，并开展在线滤油工作。清洗调速器比例伺服阀阀前过滤器滤芯。

清洗后的比例伺服阀如图2-19-2所示，解体检查时的比例伺服阀底座如图2-19-3所示，更换下来的比例伺服阀阀芯如图2-19-4所示。

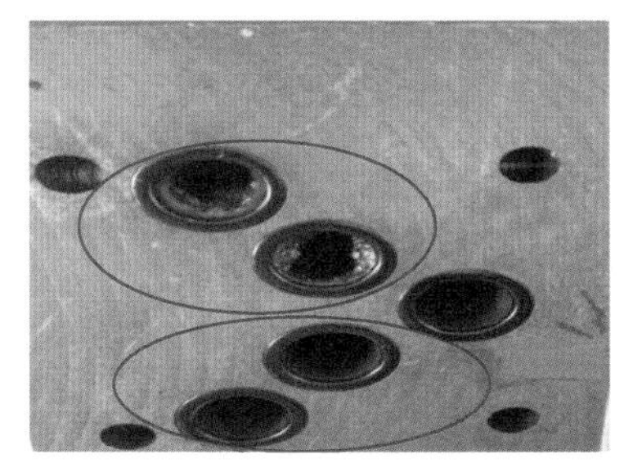

图2-19-1　比例伺服阀拆开后有杂物沉积

图2-19-2　清洗后的比例伺服阀

二、事件原因

直接原因：3号机组调速器油中含杂质，调速器比例伺服阀在开腔发生卡涩，主配压阀一直在开，导叶设定开度与实际开度差超过15%，且超过25s，导致3号机组抽水工况跳机。

图 2-19-3　解体检查时的比例伺服阀底座

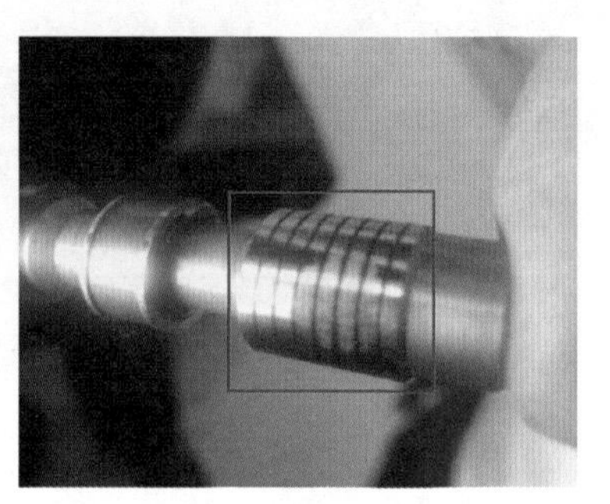

图 2-19-4　更换下来的比例伺服阀阀芯

三、暴露问题

（1）调速器比例伺服阀维护不到位。定期清扫检查工作只是集中在水机自动控制回路的电磁阀上，调速器比例伺服阀清扫检查项目也只是针对前端滤芯清洗或更换维护，未对本体进行清扫检查。

（2）调速器油压管路更换后的跟踪应对措施管理不到位。

（3）对计算机监控系统曲线分析不够细致，没有开展长周期的曲线分析，没有及时发现机组抽水状态时导叶开度曲线的异常变化。

四、防止对策

（1）举一反三，利用机组定检机会，对其他机组开展调速器比例伺服阀检查清扫工作，将调速器比例伺服阀清扫检查列入进机组检修检查项目。

（2）定期检查调速器油油质，并进行在线滤油。

（3）加强设备运行曲线的跟踪分析，确保设备可靠运行。

五、案例点评

本案例反映出运维人员对设备检修维护不到位，应规范机组检修检查项目，将调速器比例伺服阀清扫检查列入进机组定期检修检查项目；定期检查调速器油油质；加强设备运行曲线跟踪分析，确保设备安全稳定运行。

案例 2-20

某抽水蓄能电站上库高水位误报警导致3台机组抽水稳态运行中机械事故停机

一、事件经过及处置

2016年7月22日，某抽水蓄能电站上库库区突降暴雨。凌晨4时，监控收到上库高水位报警，2、3、4号机组抽水运行中机械跳机。

运维人员通过摄像机观察水位标尺情况以及2套上库水位传感器显示的水位，确认上库水位正常，排除了下雨导致水位涨至抽水跳机水位的可能。现场检查发现，上库1号水位井和2号水位井内水位均正常，两个浮子开关并未动作，排除了井内水位异常升高，导致水位浮子开关动作，触发机组机械停机的可能。查看上库水力测量盘柜显示屏时，发现上库1号水位高2信号和2号水位高2信号均报警，判断该浮球至上库水力测量盘柜之间的电缆异常。暴雨过后现场检查，发现边坡大量流水流入环库路并冲垮护栏，边坡大量流水流入环库路，如图2-20-1、图2-20-2所示。

图 2-20-1　边坡大量流水流入环库路并冲垮护栏

图 2-20-2　边坡大量流水流入环库路

沿着浮球至上库水力测量盘柜之间的电缆线路进行检查，发现电缆沟内排水不畅（如图 2-20-3 所示），将排水沟疏通将水排走后，检查发现上库电缆沟内敷设两条四芯延长电缆与水位浮子开关自带的电缆相连，电缆接头放置在电缆沟最上层的电缆支架上，电缆接头被水浸泡导致信号误动（如图 2-20-4 所示），事后

图 2-20-3　电缆沟内积水严重

图 2-20-4　电缆接头治理前绝缘胶带包裹缠绕的接头

对胶带包裹的接头进行了灌胶绝缘处理（如图 2-20-5 所示）。

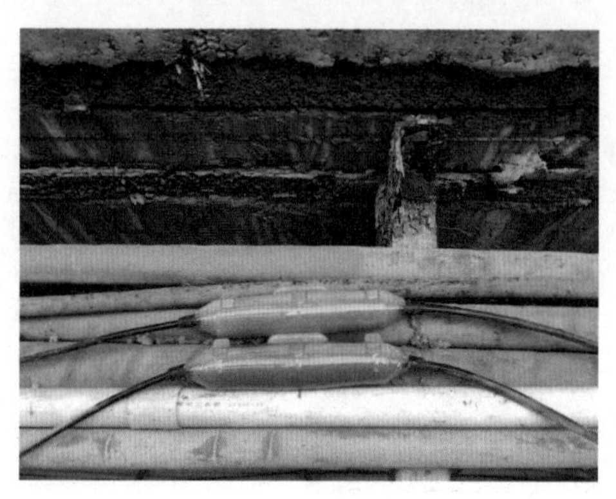

图 2-20-5 电缆接头治理后使用的灌胶绝缘接头

二、事件原因

直接原因：暴雨极端天气导致电缆沟严重积水，水位信号电缆接头老化损坏，排水沟内积水长时间浸泡电缆导致接头绝缘破坏。

三、暴露问题

（1）上库排水设计存在缺陷，路边挡墙排水孔截面较小，电缆沟内部排水孔数量较少，排水能力相对不足，积水极易漫过电缆沟，使电缆浸泡在水中。未按照《国家电网公司水电厂重大反事故措施》（国家电网基建〔2015〕60 号）中 2.3.2.1 的要求建设完备的边坡排水系统。

（2）没有执行好大风暴雨等恶劣天气的应急预案，对于天气变化重视程度不够。当班值守人员对报警的处理不及时。对机组各报警情况及机组状态熟悉程度不足，平时知识积累不足，需进一步学习提升。

（3）设备主人对于设备的巡检不到位，对于特殊设备熟悉程度不够，排查不足，制度执行不到位。

四、防止对策

（1）根据地质勘探结果，依据岸坡、边坡处理方案，做好岸坡和边坡的加固处理和排水系统工程；边坡排水系统应建设完备，深层排水孔应达设计深度，并按照设计要求做好反滤措施，保证排水通畅。加强施工质量管理，做好隐蔽工程的验收及记录。

（2）及时做好应对恶劣天气制定应急预案，做到提前预判，做好防控措施。

（3）加强当班运维人员的业务知识培训，提高紧急情况下的应急处置能力，制定恶劣天气特巡措施。

五、案例点评

突降的暴雨看似为“天灾”，但小小的电缆接头浸水却导致3台机组跳机，其实为“人祸”。本案例对自然灾害导致机组抽水稳态运行中机械事故停机的事件进行了深入地分析，在如何应对突发情况、提高应对自然灾害的抵抗能力方面提供了相关的警示，加强恶劣天气的风险预警及采取相应的预控措施，提高人员应急处置能力。但同时，本案例也反映出涉及水库水位限制等全厂重要保护管理不到位，水位传感器等重要元器件中间传输接线不规范，应采用一定防护等级的中间转接箱。在日常运维定期工作中，应加强室外电缆沟及电缆线路日常巡检及隐患排查工作，保证设备安全稳定运行。

案例 2-21

某抽水蓄能电站 6 号机组发电运行过程中灭磁断路器动作导致机组甩负荷

一、事件经过及处置

2016 年 8 月 5 日 23 时 57 分，某抽水蓄能电站 6 号机组带 40MW 负荷跳机。监控报出“6 号机组励磁系统事故”“6 号机组励磁调节器故障”等简报信息。40min 后运维人员到达现场，检查监控及保护系统无任何跳闸信号，检查励磁系统调节器通道 1、通道 2，发现有“AC SUPPLY FAILL”信号，该信号为励磁系统故障后跳开阳极断路器所致，属于正常信号。检查灭磁断路器本体，对主要的操作机构进行螺栓紧固检查，未发现螺栓松动情况，同时重点检查灭磁断路器合上后是否脱扣，检修人员现地进行手动合分灭磁断路器多次，均正常。对调节器通道同步变压器小断路器进行测试（如图 2-21-1 所示），调节器 1/2 通道切换正常，当两个通道同步变压器小断路器均跳开后，发出励磁跳闸信号，并跳开励磁变压器低压侧交流断路器。检查整流桥交流铜排，未发现短路与接地现象。

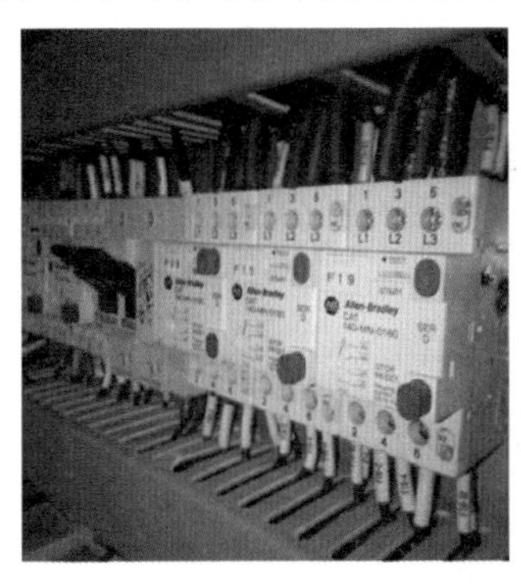

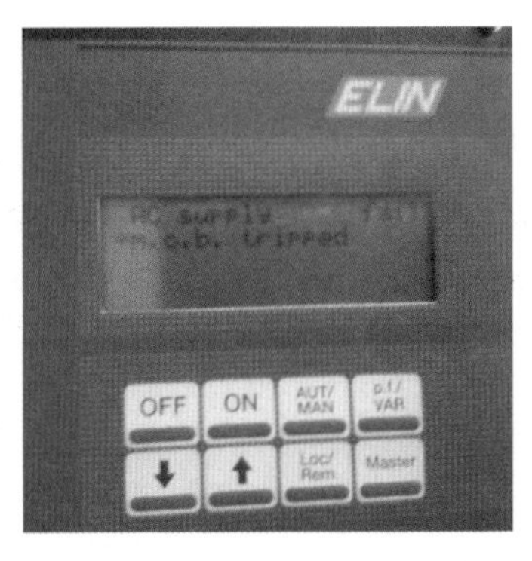

图 2-21-1　调节器切换为 2 通道运行

初步判断为励磁交流侧电压降低导致灭磁断路器动作，为验证励磁变压器低压侧二次电压的突然降低，对励磁变压器本体、高压侧电缆、低压侧电缆进行了试验，励磁变压器正常、高低压电缆绝缘满足要求，同时在励磁调节器中增加逻辑，即当并网状态下，若同步电压（励磁变压器二次电压）标幺值低于 0.85，程序内部就触发一个标志信号，以便于确认同步电压是否降低。机组运行状态下检查发现，励磁变压器低压侧电压测量值 V37 < 0.85p.u.，但未达到跳闸值 0.8，备用通道闭锁开出。进行小电流试验，并使用继保仪模拟输入 TV 信号。逐步增大 TV 电压，使 TV 电压大于 V37 同步电压的 20%，调节器报励磁跳闸信息，跳开灭磁断路器，逻辑动作正常。

通过通道 2 没有发生 V37 < 0.85p.u. 的情况，说明 2 通道 V37 测量发生了问题。根据以上测试分析，故障在于励磁调节器 V37 电压测量回路（包括 IWK 模拟量采集板、信号传输电缆、SAB 信号处理板等）。通过拆解调节器内部单元，如图 2-21-2 所

示，发现在IWK模拟量采集板的正、反两面均出现不同程度的结露。

图 2-21-2　励磁调节器 2 通道结露位置

对6号机组两个调节器IWK板卡进行干燥处理，同时检查发现控制柜内加热器故障停运，故进行了更换。可以判断，此次事件是由于IWK板结露，导致V37电压信号分压减弱，低于程序设定的80%所致。

二、事件原因

直接原因：励磁调节器IWK板卡结露，导致V37电压信号分压减弱，低于程序设定的80%。

三、暴露问题

（1）不满足《同步电机励磁系统大、中型同步发电机励磁系统技术要求》（GB/T 7409.3—2007）中5.22“励磁系统应设有必要的信号及保护，以监视励磁系统运行状态和防止故障”的要求。

（2）设备日常维护管理不到位，加热器等辅助设备检查监视不到位，隐患排查不彻底，风险辨识不全面。

（3）厂房除湿系统不完善，地下厂房湿度较大，对二次元器件结露防范措施不全面。

四、防止对策

（1）完善励磁系统监测报警信号，通过技术手段提高盘柜辅助设备运行监测。

（2）深入开展缺陷隐患整治工作，针对发现的管理问题和缺陷隐患，逐项制定整改措施，责任到人，强化安全隐患整治过程管控，确保措施落实到位。

（3）完善地下厂房通风除湿系统，恢复通风洞喷淋装置。

五、案例点评

本次事件的处理分为两个阶段来看。在事件发生当天，经过对相关系统检查以及机组发电试验运行后，各项数据均显示正常，貌似该起事件存在偶发因素。但在第二阶段，经过更加细致地检查分析，最终查找出“结露”这一罪魁祸首，充分体现出“在偶然中一定存在必然”。这也为电站运行敲响了警钟，任何事故发生均存在必然因素，应仔细排查、深入发掘，切不可存在侥幸心理。

案例 2-22 某抽水蓄能电站 4 号机组发电运行过程中换相隔离开关位置不匹配继电器故障导致跳机

一、事件经过及处置

2016 年 9 月 10 日，某抽水蓄能电站 4 号机组带 300MW 负荷发电工况运行，17 时 25 分，4 号机组换相隔离开关位置不匹配信号动作，4 号机组带负荷跳机。

17 时 38 分，运行人员现场检查发现，4 号机组保护盘柜换相隔离开关位置不匹配，延时继电器 002XT 失磁（换相隔离开关位置正确时，该继电器励磁；换相隔离开关位置不匹配时，该继电器失磁，并触发电气停机流程，如图 2-22-1 所示）。经检查，该继电器外观正常、底座连接牢固，经校验后判断该继电器故障。18 时 02 分，更换故障继电器 002XT 后，进行 4 号机组换相隔离开关分合闸测试。换相隔离开关的实际位置、监控系统信号及保护盘柜继电器信号正常。

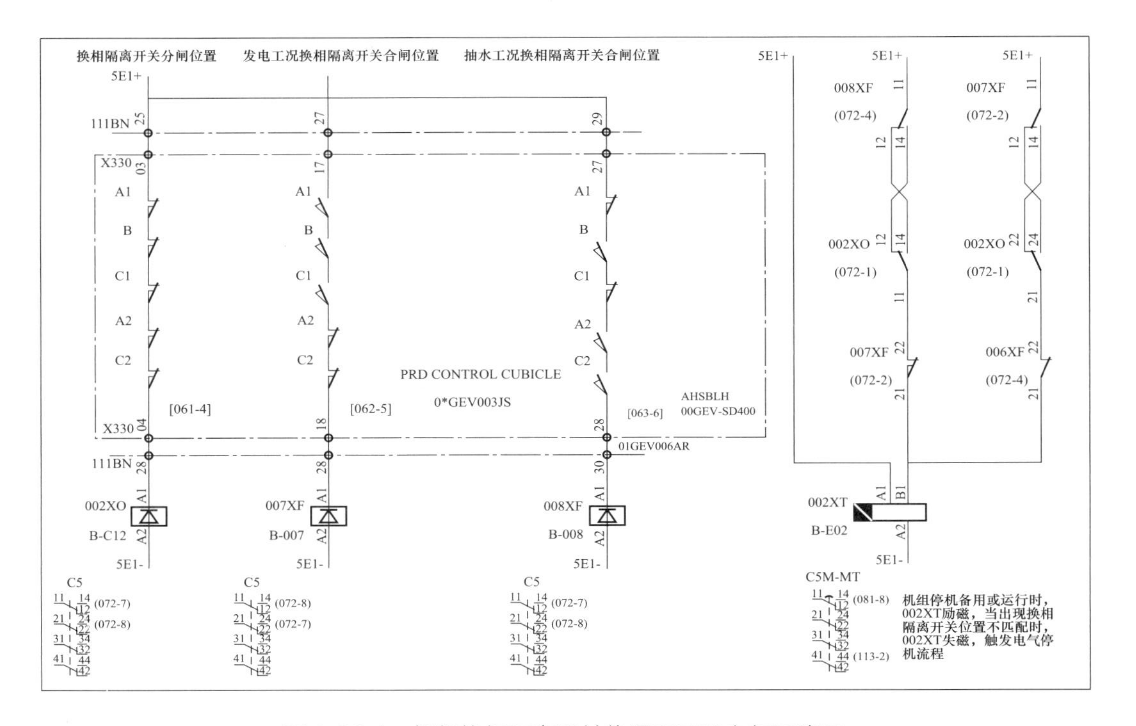

图 2-22-1　机组换相隔离开关位置不匹配电气回路图

二、事件原因

直接原因：继电器运行年限较长、长期带电导致继电器老化损坏。

间接原因：机组跳机逻辑设计不合理，单一元器件故障直接作用于机组跳机。

三、暴露问题

（1）关于《水电厂自动化元件（装置）及其系统运行维护与检修试验规程》（DL/T 619—2012）中 3.2“水电厂自动化元件（装置）及系统运行维护与检修试验的任务是通过周期性的或日常的运行维护与检修试验工作，根据运行经验及运行中出现的问题，不断地进行技术改进，使之处于完好、准确、可靠状态，以保证水电厂机组及其辅助设备和全厂公用设备的安全、经济和可靠运行。”的要求，未能严格执行，设备维护不到位，继电器运行年限较长、长期带电导致性能下降。根据设备检修周期开展检修工作时，未对继电器校验结果进行分析，未对继电器电气性能进行有效评估并根据评估结果及时更换老化继电器。

（2）未满《水力发电厂继电保护设计规范》（NB/T 35010—2013）中 4.1.4“发电电动机在某种工况下设置的保护，在其他工况下可能误动时，应可靠被闭锁。”的要求。机组跳机逻辑不合理，未对单一元器件故障导致机组跳机的逻辑进行优化。

四、防止对策

（1）加强设备维护工作。对设备进行维护时，应对设备检修试验数据进行分析，评估设备的健康状况。特别要对运行年限较长、动作频繁、长期带电等受损风险较大的继电器定期检查评估，并根据评估结果及时更换。

（2）对换相隔离开关位置不匹配跳机逻辑进行优化，将其动作于跳机改为报警。

五、案例点评

继电器失效导致设备事件的现象时有发生，应根据标准规程规范要求和生产现场实际，制定继电器校验相关管理制度，合理制定校验周期和校验标准，并切实开展和对校验数据进行分析，完善继电器校验、更换台账。

要切实做好设计阶段工作，设备运维单位应加强与设计单位的沟通，严把审核图纸关，尤其要重视跳闸逻辑回路，要做好机组跳机逻辑梳理和优化。

案例 2-23

某抽水蓄能电站1号机组发电工况运行中导叶拐臂信号器故障导致跳机

一、事件经过及处置

2016年11月2日，某抽水蓄能电站1号机组发电工况带280MW负荷稳态运行。13时57分40秒监控报警：1号机组导叶拐臂CG114折断报警，1号机组机械事故停机，1号机组发电电动机出口断路器跳闸。

现场检查导叶拐臂未出现折断或其他异常情况。监视机组停机过程，1号机组未出现振动摆度异常增大的现象，各部油温、瓦温无明显异常变化，水车室内各机械部件无异常漏水、渗油现象；检查水车室内各部机械紧固螺栓无松动现象；检查所有导叶拐臂和导叶上端轴轴套之间均未产生相对位移。由此可以判断，导叶摩擦装置并未实际动作。检查1号机组导叶拐臂CG114折断信号器，外观完好无损伤，安装牢固无松动现象；检查其相关控制回路无异常，紧固相关端子；此时“1号机组导叶拐臂CG114

折断”报警信号仍在频繁抖动；取下导叶拐臂 CG114 折断信号器的接线插头，报警信号复位，不再抖动。由此判断，导叶拐臂 CG114 折断信号器故障引起信号抖动。

拆下导叶拐臂 CG114 折断信号器进行仔细检查，外观无机械损伤。由于该信号器为全密封结构，无法拆解进行进一步检查。更换导叶拐臂 CG114 折断信号器后，插上接线插头，无报警信号，无抖动现象。恢复措施后进行水轮机开机试验，情况正常。

随后利用机组定检机会，修改机组导叶拐臂折断信号跳机逻辑设计，减少单个元器件误动造成机组误跳机的风险。

修改前机组导叶拐臂折断信号控制逻辑如图 2-23-1 所示，机组调速器导叶拐臂折断信号器共有 20 个，其中有 10 个偶数号导叶拐臂折断信号是单独送监控数字量输入模块 DI，另外 10 个奇数号导叶拐臂折断信号是并接后送监控 1 个数字量输入模块 DI，20 个信号器任一动作都会引起机械事故停机。

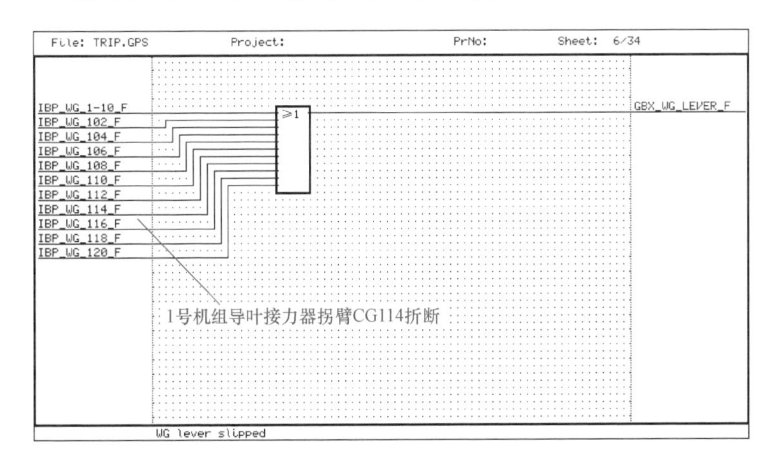

图 2-23-1　修改前机组导叶拐臂折断信号控制逻辑

修改后机组导叶拐臂折断信号控制逻辑如图 2-23-2 所示，对 10 个偶数号导叶拐臂折断信号各自单独送监控数字量输入模块 DI 信号，采用“10 取 2”逻辑出口跳机；10 个奇数号导叶拐臂折断信号在硬布线并接后送监控数字量输入模块 DI 断信号只报警，不跳机。

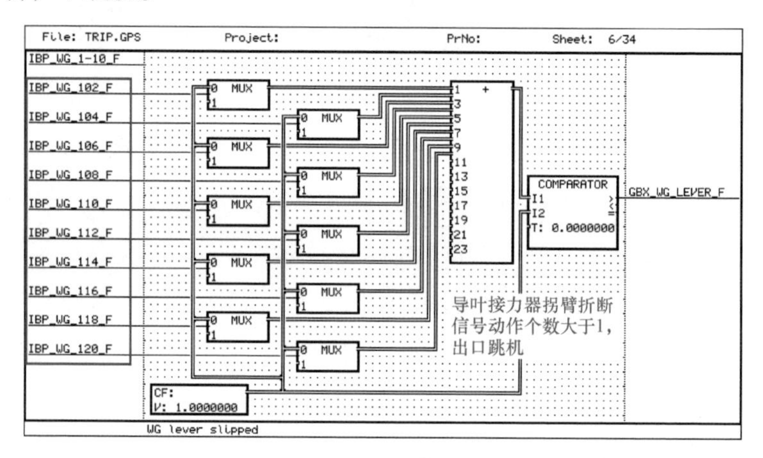

图 2-23-2 修改后机组导叶拐臂折断信号控制逻辑

二、事件原因

直接原因：导叶拐臂折断 CG114 信号器故障，误发导叶拐臂折断信号，导致 1 号机组机械事故停机。

三、暴露问题

（1）未能严格执行《水轮发电机组自动化元件（装置）及其系统基本技术条件》（GB/T 11805—2008）中 5.1.2.18“当一个或多个剪断销剪断时，剪断销信号报警装置应能正确发出报警信号；同时，剪断销信号报警装置还应指示出被剪断的剪断销的编号”的规定，存在信号器未能正确发出报警。

（2）检修维护不到位。

（3）机组导叶拐臂折断信号跳机逻辑设计不合理。

四、防止对策

（1）机组检修维护时，增加对导叶拐臂折断信号器及其回路进行检测、维护。

（2）举一反三，修改其他 3 台机组导叶拐臂折断信号出口跳机逻辑，避免单一测量元件故障时不致发生误跳机事件。

（3）全面梳理 4 台机组跳机逻辑，确认其他所有多元器件水力机械保护均已采取“N 取 2”机制，防止发生同类故障。

五、案例点评

在确保设备设施安全稳定运行的前提下，结合国家、行业标准、规程、规范要求和现场实际情况完善自动控制逻辑，既要防止设备误动作又要防止设备拒动作，避免由于自动控制逻辑不完善造成的机组工况转换失败、跳机和设备损坏等事件的发生。

案例 2-24

某抽水蓄能电站 1 号主变压器因 500kV 母线电压互感器 TV 二次侧开关故障导致复合电压过流保护动作跳闸

一、事件经过及处置

2017 年 3 月 6 日 18 时 32 分，某抽水蓄能电站 1 号机组发电工况带 300MW 负荷运行。20 时 05 分，1 号主变压器 B 套保护复合电压过流保护动作，1/2 号主变压器高压侧断路器跳闸（1、2 号主变压器高压侧共用一组断路器），1 号机组带负荷跳机。

20 时 18 分，运行人员现场检查发现 1 号主变压器 B 套保护装置上复合电压过流保护动作，A 套保护装置无动作信息。检查保护范围内一次设备无异常，检查相关二次设备时发现 500kV 1 号母线电压互感器 TV 二次侧开关在“分”状态。20 时 38 分做好安全隔离措施后，运维人员对该开关进行分合测试，无法合上，判断为开关内部合闸机构故障导致无法合上；拆开开关，发现开关内部弹簧松脱（如图 2-24-1 所示）；查 1 号主变压器复合电压过流保护整定值：电压低于 90V 时，电流大于 300A，复合电压过流保护动作跳闸。复合电压过流保护电流整定值偏小，无法躲过机组满负荷运行时的电流值，且电压互感器 TV 二次回路故障，导致保护误动跳闸。22 时 00 分，经调度批复修改复合电压过流保护定值；更换 500kV 1 号母线电压互感器 TV 二次侧开关，分合测试正常后，恢复接线，测量 500kV 1 号母线电压互感器 TV 二次侧开关两侧电压正常。1 号主变压器投运后正常。

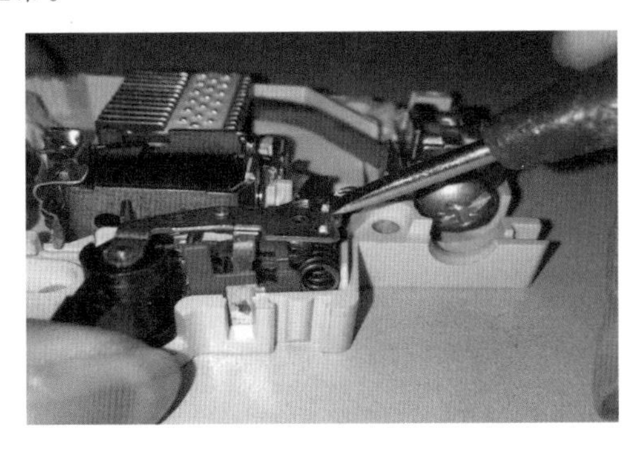

图 2-24-1　拆开后 500kV 1 号母线电压互感器 TV 二次侧开关

二、事件原因

直接原因：500kV 1 号母线电压互感器 TV 二次侧开关长期保持在合位，开关内部弹簧一直受力压缩，弹簧弹力减弱变形，引起该开关跳开且 1 号主变压器复合电压过流保护电流整定值偏小是 1 号主变压器复合电压过流保护动作，造成 1/2 号主变高压侧断路器跳闸的直接原因。

间接原因：1 号主变压器保护装置未设置电压互感器 TV 断线闭锁及电压控制过流系数 K 值整定不合理是造成保护动作的间接原因。

三、暴露问题

（1）保护定值整定及配置不合理。复合电压过流保护电流整定值偏小，保护装置未配置电压互感器 TV 断线闭锁，电压控制过流系数 K 值整定偏小。

（2）管理不到位。未及时发现继电保护整定值存在问题。

（3）运检维护不到位。未结合 500kV 系统停电检修预防性试验进行电压互感器 TV 二次侧开关动作试验，未及时发现其性能下降。

四、防止对策

（1）每年度要专人复核保护定值，调整主变压器复合电压过流保护电压控制过流系数 K 值。

（2）完善保护配置，增加主变压器保护装置电压互感器 TV 断线闭锁功能。

（3）优化定期工作，将电压互感器 TV 二次侧开关动作试验纳入 500kV 系统停电检修预防性试验检查项目。

五、案例点评

继电保护装置的校验与整定计算是一项重要工作，应严格执行反事故措施的要求，认真校核与系统保护的配合关系，加强对保护的配置进行全面复核和试验工作，安排专人每年对继电保护装置的整定值进行全面复算和校核，务必保证保护装置动作的正确性和可靠性。

第三章 水力机械

案例 3-1

某抽水蓄能电站 4 号机组抽水停机过程中导叶剪断销剪断导致机组停机失败

一、事件经过及处置

2009 年 2 月 12 日 06 时 32 分，某抽水蓄能电站 4 号机组抽水停机过程中，在机组出口断路器解列后，监控出现剪断销剪断报警，随即机组机械保护动作，机组停机失败。值班人员现地检查发现剪断销报警装置上 2 号剪断销报警灯亮，2 号导叶上剪断销信号传感器动作。

运维人员复位剪断销报警装置后，2 号剪断销报警灯仍亮，检查 2 号导叶，剪断销位置传感器确实动作，剪断销确实已扭曲。向调度申请 4 号机组临时退备，在完成蜗壳及尾水管排水隔离后，进入蜗壳、转轮室检查导叶状态。检查发现 2 号导叶与 3 号导叶之间夹有一截钢筋（如图 3-1-1 所示），2 号导叶和 3 号导叶出现轻微损伤（如图 3-1-2 所示）。去除钢筋后对 2、3 号导叶进行打磨防腐处理，更换 2 号导叶剪断销，对尾水管进行检查无异常后，机组恢复备用。

图 3-1-1　导叶间夹有一截钢筋　　图 3-1-2　2、3 号导叶轻微损伤

二、事件原因

直接原因：基建施工废弃钢筋残留在流道内，抽水停机时钢筋恰好流至导叶处，被关闭的导叶夹住，导致导叶剪断销剪断。

三、暴露问题

机组流道充水前检查、清理不到位。2009 年正是该电站基建末期，在机组流道充水前参建方未对流道进行细致检查，彻底清除流道内残留的施工垃圾，违反了《国家电网公司水电厂重大反事故措施》(国家电网基建〔2015〕60 号）中 4.1.2.6 的要求。

四、防止对策

（1）实施充水前和放空后，应对输水道系统进行全面检查，如洞身结构、外观状况、交叉封堵堵头、排水设施、金属结构启闭状况及监测系统等。

（2）利用机组检修时机对其余机组尾水管及蜗壳等流道进行检查清理，并列入机组检修常规检查项目。

五、案例点评

本案例说明施工单位、监理单位管理缺位，验收不到位，机组流道系统首次充水前、后检查不全面、不仔细，未彻底清理施工垃圾及其他可能卷入流道内的物件。在定期维护检修工作中，要做好流道检查工作，把它作为管控风险隐患的重要内容，同时严格执行人员、物品登记管理和封门前检查制度，避免造成物品遗留在流道内，确保机组运行安全。

案例 3-2

某抽水蓄能电站 3 号机组检修时发现推力轴瓦和弹性托盘接触部位出现相对位移和划痕

一、事件经过及处置

2009 年 3 月，某抽水蓄能电站 3 号机组 C 级检修，对推力轴瓦、弹性托盘、轴承支柱、固定止推件（轴瓦定位零件）等部位进行解体检查。发现 3 号机组推力轴瓦和弹性托盘接触部位出现相对位移和划痕。

造成设备损坏程度：

（1）推力轴瓦弹性托盘固定夹有弯曲变形，其中内侧圆周方向的两个固定夹变形明显（如图 3-2-1 所示）。

（2）推力轴瓦背面和弹性托盘接触部位存在相对位移、有刮擦痕迹（如图 3-2-2 所示）。主要是径向相对位移，位移量 5 ~ 6mm，瓦背面接触位置有刮擦痕迹。轴瓦的周向和外部定位螺栓有碰触痕迹，发电方向（俯视逆时针）较抽水方向严重。

（3）弹性托盘底部和支柱之间存在相对位移（8 ~ 10mm）、有刮擦痕迹（如图 3-2-3 所示）。

图 3-2-1 内侧圆周向固定夹存在变形

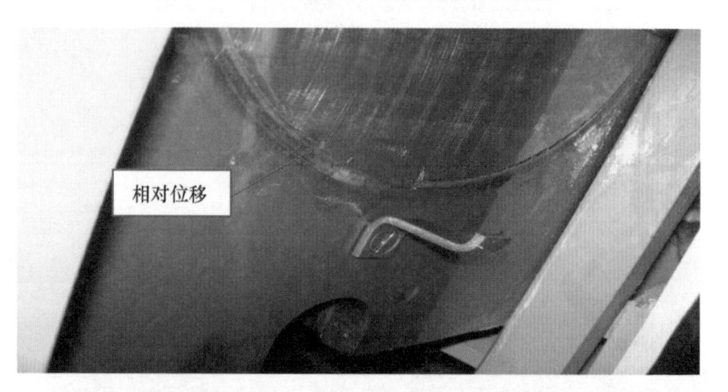

图 3-2-2 推力轴瓦背面和弹性托盘接触部位存在相对位移、刮擦痕迹

图 3-2-3 轴承支柱球表面存在刮擦（冷焊性质损伤）

处置过程：

（1）修复推力轴瓦。推力瓦底部与弹性托盘接触位置进行研磨，并对推力瓦面进行研刮，改进其与弹性托盘及镜板的接触面。

（2）改进推力轴瓦限位结构。推力瓦外侧加工 M16 螺孔，并加装固定块，对推力瓦的径向窜动进行约束。

（3）修复轴瓦支撑结构。更换受损的弹性托盘、支柱（含固定螺钉）、外侧止推螺栓、内侧止推螺栓、弹性托盘固定夹（含固定螺栓）；增加推力轴瓦外侧径向固定块和固定螺栓、内侧止推螺栓固定螺母和垫片。

（4）改进推力轴瓦内支撑环，重铰 $\phi 45h6$ 销孔。

二、事件原因

直接原因：推力瓦和弹性托盘之间产生一个相对的位移，导致了托盘固定夹的变形。

间接原因：机组停机瓦温下降，推力头及镜板由于热胀冷缩的作用向轴心方向移动，并且因高压注油泵停止运行，镜板与推力轴瓦之间的摩擦力带动推力瓦和弹性托盘一起向轴心方向移动。

三、暴露问题

（1）结构设计不合理，轴瓦的限位机构经过长时间运行后会逐渐将问题暴露出来，需要在检修维护过程中及时关注设备出现的异常情况。

（2）日常检修、维护不到位，检修过程当中未及时发现推力弹性托盘固定夹片出现的变形情况。

四、防止对策

（1）修改逻辑，增加高压注油泵启动频次，高压注油泵每隔1h运行2min。

（2）剖析设备结构设计，通过和原生产厂家的联系，对存在设计不合理等情况进行汇总分析，安排检修、技改、科技计划落实整改。

（3）加强设备检修管理，针对其他厂出现的同类问题进行分析。并利用设备检修对可能存在问题的设备进行细致的检修。

五、案例点评

源头管控是抓本质安全的基础。推力轴承是抽水蓄能机组关键设备，其运行可靠直接关系到抽水蓄能机组整体运行的稳定性。属于牵一发而动全身的设备，在抽水蓄能发电电动机设计、制造、安装和验收过程中需重点管控的设备，本案例说明发电电动机设计制造单位对推力结构件热胀冷缩所造成的影响认识不足，推力结构存在先天性缺陷，因此抽水蓄能业主单位必须加强关键设备选型和调研工作。其次，加强安装过程监督、运行监测和维护检修，及早发现问题，消除隐患于萌芽。

案例 3-3 某抽蓄电站 2 号尾水事故闸门吊轴监测装置脱落导致尾水管漏水

一、事件经过及处置

某抽蓄电站 2011 年 10 月 29 ~ 30 日全厂 1 ~ 4 号机组退出备用，进行上、下库闸门活动试验、水淹厂房试验和公用系统检修。10 月 29 日 16 时 18 分，在水淹厂房试验 2 号尾水事故闸门下落过程中，其吊轴监测装置脱落至闸门井内，造成吊轴监测装置上端杆孔位置处向外喷水，现地操作人员向值班负责人汇报现场情况，并立即撤离现场。16 时 19 分，操作人员前往下库落下 1 号下库闸门将 1 号尾水隧洞及 1、2 号机尾水管内的水排空。10 月 31 日 09 时，运维人员将 2 号尾闸吊轴监测装置吊出检查处理，并利用此次 1 号尾水隧洞排空的机会，将 1 号尾闸吊轴监测装置吊出检查处理。

尾闸吊轴监测装置的作用主要用于尾闸下滑监测，其设计有尾闸下滑 250mm 报警及下滑 400mm 跳机（实际行程开关安装位置为下滑 250mm 报警及下滑 360mm 跳机）。吊轴监测装置杆上端安装有一导向键，导向键与吊轴监测装置杆用 3 个 M10 内六角螺栓连接，吊轴监测装置杆下端安装有约 1.5t 配重。当尾闸全开后，吊轴监测装置下端坐落在闸门上端，当尾闸下落时，吊轴监测装置跟随下落，当尾闸下落约 380mm 后，吊轴监测装置下端与闸门分离，整个吊轴监测装置悬挂于半空，吊轴监测装置上端通过导向键坐落于密封压盖上，整个吊轴监测装置重量全靠导向键的 3 个 M10 内六角螺栓剪切力承担，吊轴监测装置脱落分析如图 3-3-1 所示，此次 2 号尾闸下落过程中，这 3 个 M10 内六角螺丝被剪断，造成吊轴监测装置脱落至闸门井内。

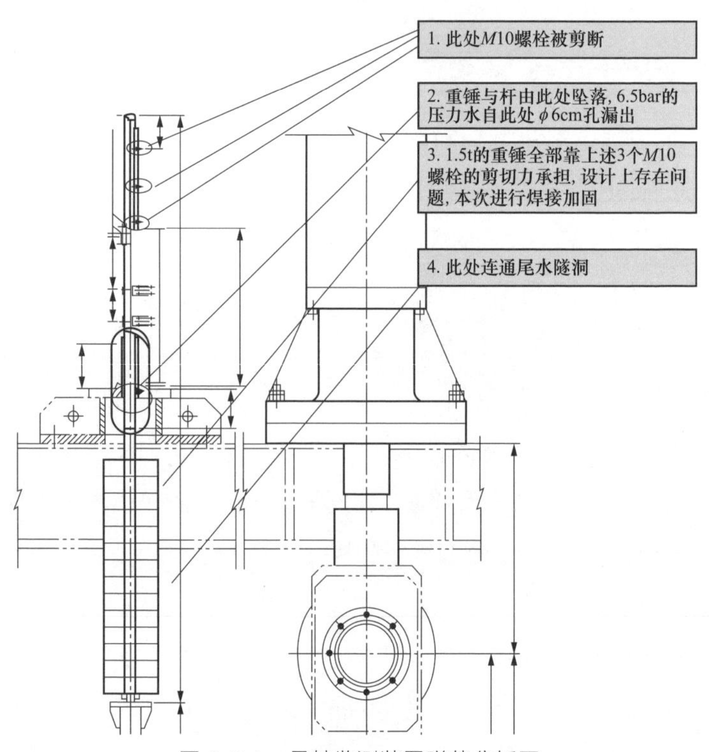

图 3-3-1 吊轴监测装置脱落分析图

11月2日17时，1、2号尾闸吊轴监测装置改造完成并回装。11月3日19时，1号尾水隧洞充水完成，1号下库闸门提至全开。

二、事件原因

直接原因：2号尾闸下落过程中，吊轴监测装置配重块的3个$M10$内六角螺栓被剪断，造成吊轴监测装置脱落至闸门井内，导致吊轴监测装置上端杆孔位置处向外漏水。

间接原因：尾闸吊轴监测装置的设计不合理，吊轴监测装置上端通过导向键坐落于密封压盖上，整个吊轴监测装置重量全靠导向键的六角螺栓剪切力承担。

三、暴露问题

（1）设备制造厂对尾闸吊轴监测装置的重要性认知不足，设计时未考虑吊轴监测装置的运行环境。吊轴监测装置杆下端套装有12块配重，杆末端焊接有一圆盘，12块配重的重量全靠此圆盘承担。检查2号吊轴监测装置时发现杆末端圆盘与杆焊缝已开裂，并且下端杆已腐蚀严重，并且发生了变形，吊轴腐蚀情况如图3-3-2所示。

（2）尾闸吊轴监测装置的设计中对各承重部件的强度未作充分的考虑。当尾闸下落时，吊轴监测装置下端与闸门分离后，整个吊轴监测装置悬挂于半空，吊轴监测装置上端通过导向键坐落于密封压盖上，长时间的导向键对密封压盖施压，可能造成密封压盖破损，致使此处漏水的可能。

（3）尾闸吊轴监测装置的设计中，对螺栓连接所承受重力以及运行环境未作考虑。尾闸吊轴监测装置上下端杆连接方式为单一的螺栓连接，无法防止长时间运行后，螺栓发生腐蚀或老损后，下端杆及配重块发生脱落的情况。

图 3-3-2 吊轴腐蚀严重

（4）电站隐患排查治理不彻底，未及时排查出尾闸吊轴设计的不合理性。

（5）电站设备的验收存在漏洞，设备的制造与设计图纸不能完全对应，比如螺栓的强度、尺寸未严格按照设计图纸选择。

四、防止对策

（1）为避免此类因导向键连接螺栓被剪断，导向键与吊轴监测装置杆分离，造成吊轴监测装置脱落至闸门井内，在吊轴监测装置杆上端加装了一用于固定导向键的不锈钢固定套（导向键上端插于固定套内），并且将杆上端套丝加装了一螺帽。当闸门下落后，由此固定套及螺帽承担整个吊轴监测装置重量，不再由导向键连接螺栓的剪切力承担整个吊轴监测装置重量，杆上端改进处理如图 3-3-3 所示。

图 3-3-3 杆上端改进处理图

（2）为防止配重块脱落至闸门井内，对尾闸吊轴监测装置杆下端进行了升级改造，将杆下端套丝加装了一螺帽，再将杆末端圆盘与杆焊接，12 块配重就由螺帽与圆盘共同承担，形成双保险。

（3）在尾闸吊轴监测装置行程开关支架的上端焊接了一块不锈钢钢板，当尾闸下落吊轴监测装置处于悬空状态时，其上端坐落于此不锈钢板上，导向键下端不再与密封压盖接触，避免了对密封压盖的承压。

（4）将上、下端轴的连接方式改为不锈钢联轴器连接，联轴器与上、下端杆连接为正反螺栓连接。两轴连接后，在联轴器与上下端杆连接处用氩弧焊点焊。

（5）在日常的检修工作中，将尾闸吊轴监测装置作为标准项目，定期进行检查，以防患于未然。

（6）落实反措要求，对过流称重部件进行全面隐患排查，尤其对于主机和水工建筑设施有可能造成较大后果的部位进行全面分析和检查。

五、案例点评

本案例说明在设计环节对尾闸等辅机设备的承压、承重部件重视不够，机组事故尾闸作为抽水蓄能电站重要设备，应从运行环境、工况、受力条件等方面进行结构设计，确保各部件的紧固方式和强度满足各工况运行要求，充分考虑吊轴脱落后对运行设备防范措施，强化设备质量验收审查等关键环节，避免设备“带病运行”。同时，运维单位应定期开展对过流承压设备运行监测，加强连接部件的检查维护工作，及时发现问题，尽快落实改造。

案例 3-4

某抽水蓄能电站 2 号机组停机备用期间由于金属疲劳导致上迷宫环冷却水供水管开裂漏水

一、事件经过及处置

2012 年 4 月 27 日，某抽水蓄能电站运维人员巡视时发现 2 号机组水轮机室有异常声响，经进一步检查发现 2 号机组水轮机上迷宫环 +Y 方向供水支管与顶盖焊缝连接上部 5mm 处管路断裂漏水，如图 3-4-1 所示。

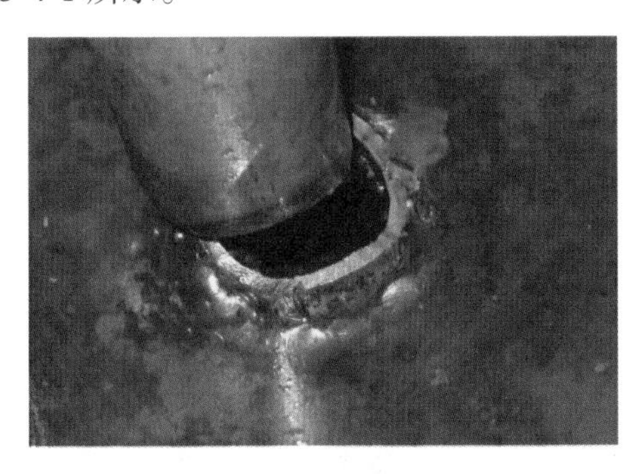

图 3-4-1　裂开的管路

隔离措施完毕后，运维人员拆除 2 号机组水导油盆，经检查发现，2 号机组上迷宫环 +Y 方向供水支管与顶盖连接焊缝上部 5mm 处管路已完全破裂。运维人员当即对断裂处进行切割打磨，并进行焊接处理。因原管路为普通钢管硬连接，所以机组运行时，由于机组振动，硬连接管路没有缓冲裕度，所以在切割后的管路上加装了长 520mm 的伸缩软管，如图 3-4-2 所示。

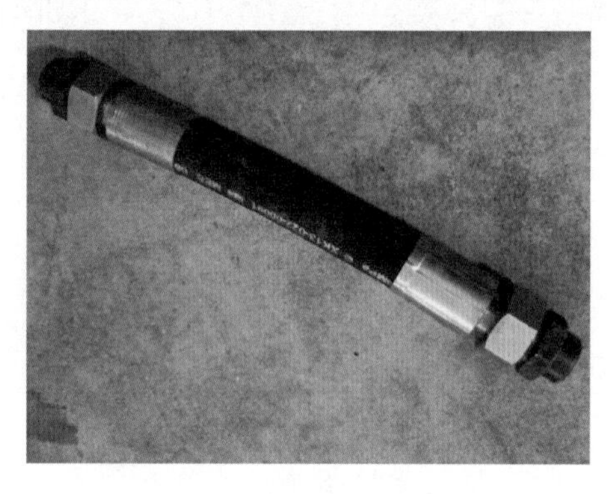

图 3-4-2　加装的伸缩软管

处理后，维护人员对 2 号机组水轮机室所有墩水管路进行检查，发现 +Y 方向顶盖排气支管与顶盖连接处有裂痕，运维人员对原管路进行切割，全部更换为新的无缝钢管，并在管路上加装了长 1100mm 的伸缩软管。为防止此类事故再次发生，维护人员对上迷宫环 −Y 方向供水支管和 −Y 方向顶盖排气支管进行了同样的切割、打磨、焊接处理，在上迷宫环 −Y 方向供水支管加装了 520mm 的伸缩节，而 −Y 方向顶盖排气支管则全部更换为新的无缝钢管，并在新的管路上加装了 1100mm 的伸缩节。将 ±Y 方向上迷冷却水供水支管及顶盖排气管从根部切除重新焊接，并在各根部增加对称筋板两个，如图 3-4-3 所示。

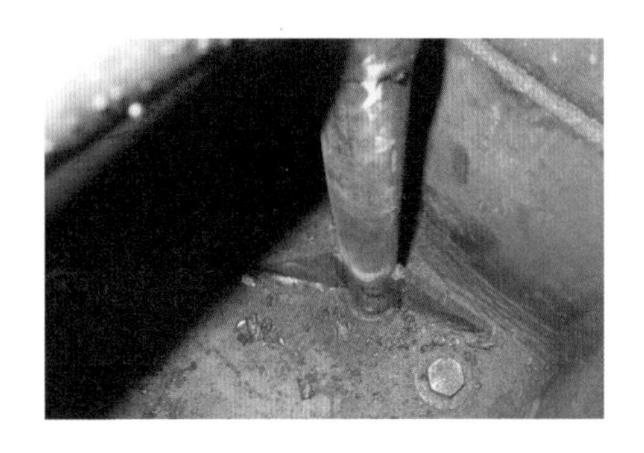

图 3-4-3　加装对称筋板后的支管

全部处理结束后，进行充水试验，全部管路均正常工作，无漏水、渗水现象。水导油盆回装后，经试运行，水导瓦温均正常。

二、事件原因

直接原因：2 号机组上迷宫环供水支管与顶盖链接靠焊接处金属疲劳裂开。

三、暴露问题

2 号机组上迷宫环供水支管与顶盖采用金属焊接，顶盖至机坑里衬段上迷宫环支管整体设计为刚性“硬”连接，无缓冲裕度，长期运行中易发生金属疲劳现象。

四、防止对策

（1）对全厂所有机组该位置管路链接进行排查，结合机组检修进行改造。

（2）加强对易发生金属疲劳、部件磨损、老化的部位进行重点巡视检查及焊缝检测，提早发现问题。

（3）排查全厂管路链接，研究设计是否合理，适时进行更新改造。

五、案例点评

此次漏水事件能被及时发现并得到有效处理，运维人员高质量的巡视检查起到了关键性作用。管路和安装工艺设计时，应充分考虑抽水蓄能机组启动频繁、运行强度大的特点，采用合理的材质及安装工艺，延缓金属疲劳对于机械部件造成的损坏，提高管路连接部位的可靠性，同时，运维单位要通过建立风险排查管控点，举一反三，将振动大、应力集中的易疲劳管路及重要部位纳入金属监督定期工作计划，对振动大的相关管路采取消振等措施，避免事故扩大。

案例 3-5

某抽水蓄能电站 5 号机组推力轴承冷却器破裂导致机组被迫停运

一、事件经过及处置

2013 年 8 月 27 日 22 时，某抽水蓄能电站运维人员发现，正在发电运行的 5 号机组推力轴承油槽油位不断升高，但推力轴承温度正常，经初步判断，推力轴承冷却器有渗漏，推力油槽进水。22 时 09 分，经调度同意 5 号机组解列停机。

该电站推力轴承油槽内设 2 只冷却器，设计水压 0.2MPa，流量 196m^3/h。每只冷却器设有 40 层铜管，每层 4 根。机组停机后，运维人员立即将水系统隔离，经进一步检查发现 5 号机组推力轴承冷却器有破裂，解体后发现 5 号机组推力轴承靠 6 号机组侧的一只冷却器（+X 方向）的一根铜管，靠近出水承管板 50～100mm 处破裂，如图 3-5-1 所示。

机组隔离后进行事故抢修，对 5 号机组推力轴承油槽进行排油，拆除 5 号机组集电环，拆除 5 号机组推力轴承油槽密封盖，更换推力轴承冷却器，水压试验符合要求后，对推力轴承油槽密封盖、集电环等设备进行回装，5号机组推力轴承油槽充油。8月30日17时，机组恢复并启动试验成功后转备用。

图 3-5-1 5号机组推力轴承冷却器破裂点

二、事件原因

直接原因：5号机组推力轴承冷却器破裂漏水，导致推力轴承油槽油位不断升高。

三、暴露问题

（1）5号机组推力轴承冷却器铜管设计管壁薄（只有1mm）。

（2）机组技术供水系统所提供的水质较差（技术供水过滤器过滤精度6mm，致使技术供水中含有砂石等杂物，对冷却器铜管的磨损影响较大）。

（3）5号机组推力轴承油槽内未设置油混水报警装置，造成管路破裂后未能及时发现。

（4）该推力轴承冷却器已投运13年，全隐患分析不全面，设备维护管理不到位，设备未及时进行更新改造。

四、防止对策

（1）提高推力轴承冷却器铜管管壁厚度，对其他冷却器进行改造，并加设油混水报警装置。

（2）加强技术供水系统过滤器维护，将其维护项目纳入日常维护项目清单。

（3）制定切实有效的设备改造更新计划，解决设备老化带来的安全风险。

五、案例点评

当轴承油槽的油位在正常运行情况下无故变化时，就要引起高度重视了，不是漏油就是进水。本案例中运维人员发现处理较为及时，但也可看出推力冷却系统整体设计考虑不全面，未设置油混水报警装置，运行维护不到位，未及时掌握设备管路腐蚀情况。一直以来，设备老化问题都是困扰电站的一个主要难题，如何确保设备处于健康水平是保证电站安全稳定运行的首要任务，而制定行之有效的设备改造更新计划则是解决这一问题的关键所在。设备运维单位应统筹考虑全厂设备改造计划、运行环境恶劣和发生缺陷频次高的设备能够提早进入改造期，并保证资金投入。

案例 3-6

某抽水蓄能电站 2 号机组抽水工况空冷器顶部排气管与连接处故障漏水导致转子接地保护动作停机

一、事件经过及处置

2014 年 5 月 30 日 03 时 45 分，某抽水蓄能电站 2 号机组抽水运行过程中带负荷跳机，监控系统报 2 号机定转子接地保护动作报警信息。现场检查机组保护盘信号为发电 / 电动机转子接地保护黄灯、红灯亮，风洞内检查发现 1 号冷却器附近有积水，如图 3-6-1、图 3-6-2 所示。初步判断为冷却器漏水造成机组转子绝缘降低，从而引起机组转子接地保护动作跳闸。

对机组空气冷却器顶部排气管漏水进行处理，更换 1 号空气冷却器排气阀与空冷对接螺口，更换后投入冷却水试验无泄漏，对发电机风洞内潮湿部位进行擦拭，对积水进行清理；对保护进行检查及定值核对，对发电机定子转子绝缘进行监视、测量，正常后投入运行。

二、事件原因

直接原因：由于发电机空气冷却器顶部排气管与连接处故障漏水并呈喷射状后产生了水雾，在机组高速旋转下水雾对机组转子钢母线绝缘产生影响，出现短时接地故障。

间接原因：对发电机风洞内水管路及接头巡视检查不到位，风险管控不力。

图 3-6-1 现场冷却器水管路漏水情况

图 3-6-2 转子钢母线检查情况

三、暴露问题

（1）设备监视及巡视不到位，未能及时发现冷却器管路漏水故障。

（2）空气冷却器排气阀与空冷对接螺口质量存在问题，安装检修工艺有待提高。

（3）风洞内缺少漏水监测报警装置等相关技术手段及措施。

四、防止对策

（1）认真落实安全生产责任制，完善设备主人相关管理流程，筑牢安全生产管理的基础，落实严、细、实的严谨的工作作风，安全生产保持稳定。

（2）设备检修工作中严把质量关，落实质量事件责任追究，通过对质量事件的调查分析和统计，总结经验教训。重要的冷却水管路在检修后要通过打压试验提前发现问题。

（3）加强设备的改造，更换接头连接方式，消除潜在的隐患，通过增加漏水监测报警装置，提高本质安全水平。

五、案例点评

发电机风洞是重要的主设备场所，对设备的绝缘水平及运行环境要求极高，发电机风洞内管路设计，应充分考虑密封件和管路连接方式的可靠性，首先应加强对风洞内管路安装的工艺及管路阀门材质质量管控，通过定期打压试验及增加漏水监测装置等技术手段提前发现漏水点，防止对发电机造成绝缘损坏。同时，要改进设备监视的技术手段，增加相应的监测装置及时发现问题进行处理，严把设备检修工作中的“质量关”，落实质量事件责任追究各项要求，在今后的设备运维中，认真落实作业规程和相关规范，完善设备主人相关管理流程，切实保障设备安全稳定运行。

案例 3-7

某抽水蓄能电站1号机组发电运行时转轮室排气阀位置开关误动导致跳机

一、事件经过及处置

2014 年 8 月 12 日，某抽水蓄能电站 1 号机组 150MW 发电工况运行，18 时 02 分，监控转轮室排气阀显示非全关位，机组故障报警紧急停机。检查 1 号机组转轮室排气阀现地实际在全关位置，发现转轮室排气阀全关机械触发压板松动，与阀杆轴有相对滑动，如图 3-7-1 所示。

调整 1 号机组转轮室排气阀 20EA1 阀杆触发连接片在机械全关位置“S”处，紧固机械触发连接片与阀杆轴固定螺栓，传动试验 1 号机组转轮室排气阀，阀门和触发连接片动作正常，监控位置显示正确。

二、事件原因

直接原因：转轮室排气阀全关机械触发连接片松导致阀门位置不正确。

图 3-7-1　1 号机组转轮室排气阀 20EA1 机械连接片及位置

间接原因：对二次元器件的传动装置检查维护不到位，结构设计不合理。

三、暴露问题

（1）液压阀日常检查不到位，未及时检查发现阀杆与触发连接片之间螺栓松动情况。

（2）全厂液压阀位置接点触发连接片固定方式设计不合理，阀杆与触发连接片之间采用螺栓压紧式的紧固结构，长时间运行后螺栓松动易导致连接片松动引发缺陷。

四、防止对策

（1）举一反三，对全厂触发连接片式的液压阀进行检查，确保阀杆与触发连接片之间螺栓紧固良好，并将液压阀位置开关检查列入月度定期工作。

（2）结合定检对机械位置信号二次回路及继电器进行检查，做好传动试验，确保信号正常。

（3）将本案例中的位置开关二次回路增加一副动作节点，确保动作正确性。

五、案例点评

抽水蓄能电站电气二次元器件机械传动装置的运行可靠性受工作区域的温湿度、振动、油雾等环境影响较大，应在实际工作中做好以下方面工作：

（1）要在机组投运前设备及材料的验收手段上完善，加强对影响机组运行的各类机械设备材料选择、施工工艺应用等作为进行重点审查。

（2）要针对可能出现的风险，做好预防措施，加强日常维护检修工作的管控力度，强化定期维护检修。

（3）结合反措，加大设备隐患排查力度，深入排查设备设计缺陷，对位置开关在改造、安装、选型等方面要不断提高技术标准。

（4）采用新技术设备，针对运行环境较差的二次元器件可采用电磁渐进式传感器。

（5）加强抽水蓄能电站运行环境整治，进一步提升生产区域设备运行环境。

案例 3-8

某抽水蓄能电站 1、2 号机组球阀工作密封异常频繁投退导致 1 号引水系统水力自激振动

一、事件经过及处置

某抽水蓄能电站引水系统采用“一洞两机”布置，1、2 号机组共用一条引水隧道，3、4 号机组共用一条引水隧道。

2014 年 9 月 12 日 01 时 06 分，1 号机组抽水调相稳态运行，2 号机组抽水调相开机过程中，发生 1、2 号机组球阀工作密封异常频繁投退，导致 1 号引水系统出现压力脉动，压力脉动最大值达到球阀上游静压力的 2 倍。根据 2 号机组压力钢管压力脉动趋势图汇总，如图 3-8-1 所示，2 号机组压力钢管压力波动为 3 ~ 3.8MPa，2 号机组球阀工作密封处于中间状态。根据 1 号机组压力钢管压力脉动趋势图汇总，如图 3-8-2 所示，1 号机组压力钢管压力最高达到 3.95MPa，1 号机组球阀工作密封开始异常投退。导致 1 号机组抽水调相事故停机，1 号机组球阀枢轴密封注油管由于振动脱落；2 号机组抽水调相压水过程中，由于球阀工

作密封未满足投入状态要求而事故停机。

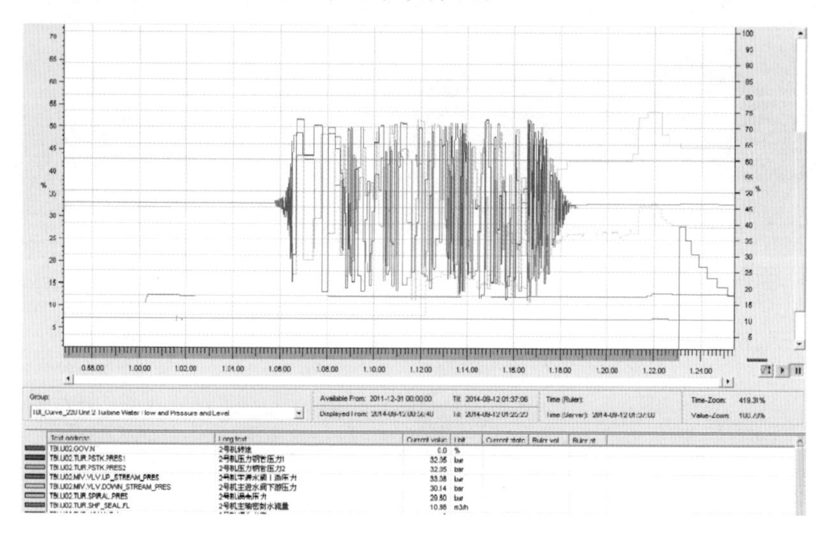

图 3-8-1　2 号机组压力钢管压力脉动趋势图汇总

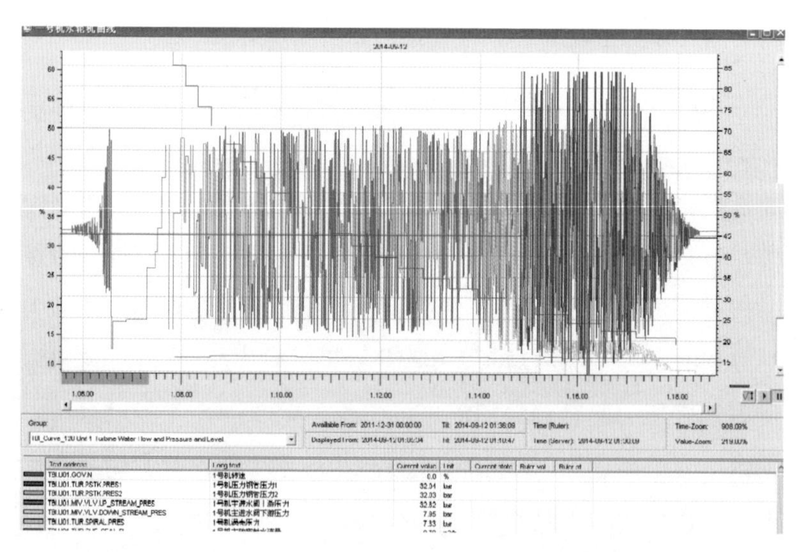

图 3-8-2　1 号机组压力钢管压力脉动趋势图汇总

运维人员到达现场后手动打开1、2号机组球阀工作旁通阀，将1号引水系统水力自激的压力脉动进行释放。等引水系统压力稳定后，对1、2号机组的球阀本体及连接管路、自动化元器件进行检查；消除球阀阀体及连接管路漏水、自动化元器件因振动损伤等影响机组正常开机的缺陷；对脱落的1号机组球阀枢轴密封注油管重新安装。

二、事件原因

直接原因：球阀工作密封频繁投退从而引起水力系统自激振动。

间接原因：在球阀工作密封“投入”腔和“退出”腔之间，“退出”腔和球阀本体之间存在渗漏，导致两腔趋于均压，引起工作密封滑动环压紧处于动作临界状态，系统扰动引起球阀工作密封反复投退。

三、暴露问题

（1）密封材料材质设计不合理。《大中型水轮机进水阀门基本技术条件》（GB/T 14478—2012）中4.9要求“球形阀工作密封、检修密封应采用不锈钢制作，要求密封副处贴合紧密”，本案例中球阀工作密封面材质为铝青铜材质，属于较软的金属材质。水中杂质对球阀工作密封面产生细微划痕，由于空蚀影响，划痕范围和深度在不断加大，导致球阀工作密封“投入”和“退出”腔及球阀本体之间存在渗漏。

（2）设备缺陷分析不到位。1、2号机组球阀工作密封腔渗漏问题在自激振动发生前已发现，但由于人员技术能力不足，经验缺乏，系统内未有此类水力自激振动的案例可借鉴，对于本类缺陷分析处理不到位。

四、防止对策

（1）增加开启连接球阀两侧工作旁通阀的逻辑：机组压力钢管压力大于3.8MPa，同时机组没有任何工况转换命令和停机令、不在抽水调相工况、发电调相工况时自动开启球阀主油阀和球阀工作旁通阀，1min后自动关闭球阀工作旁通阀和球阀主油阀逻辑，通过打开球阀工作旁通阀消除引水钢管压力脉动。

（2）组织国内专家现场调研并召开专家会，分析产生水力自激振动原因。立项大型球阀发生水力自激振动研究科技项目，研究改进工作密封的结构、材料，以彻底消除漏水问题，改进的方案在机组大修期间安排实施。

五、案例点评

由于球阀密封工作腔与退出腔渗漏引起水力系统的自激振动现象在国内发生比较少见，设计、制造单位对于高水头、长距离的高压输水系统自激振认识不足，因此要加大这方面的研究，在设计、制造阶段考虑防自激振措施。本案例中，运维单位通过及时认真分析，改变旁通阀工作逻辑消除了自激振动的影响，处理及时到位。另外，对于球阀工作密封等关键部位的结构型式、设备材料等需要加强关注，对不合理或出现问题的部位及时进行技术改造或采取其他措施。

案例 3-9

某抽水蓄能电站 3 号机组发电运行过程中水导轴承瓦温高导致机组被迫停运

一、事件经过及处置

2014 年 12 月 12 日 10 时 09 分，某抽水蓄能电站 3 号机组发电工况运行时水导轴承瓦温高报警，水导瓦电阻型温度计显示温度 77℃，机械保护柜内膨胀型温度计水导轴承瓦温最高 76℃（3 号机组水导瓦膨胀型温度计报警值为 76℃，跳闸值为 83℃），检查水导瓦测温装置正常，发现水导油流量较正常值降低 30L/min，向调度申请停机。

停机后对水导油流量滤过器进行拆解清扫，措施恢复后，15 时 36 分向调度申请发电开机，机组并网后，15 时 46 分水导轴承瓦温高报警再次出现，水导油流量正常。15 时 56 分向调度申请停机，对水导轴承室及水导瓦瓦面进行检查。

对水导轴承室及水导瓦瓦面进行检查，打开水导油槽盖，检查所有水导瓦所对应的油室挡油板及胶皮垫密封等附件未见异常。检查所有水导瓦的瓦座、瓦架及调整装置等相关附件未见异常。测水导瓦双面间隙与安装数据比较无异常变化。拆除水导瓦，对 10 块水导瓦瓦面及水导轴领进行检查，发现水导轴承存在 5 块瓦面存在较为严重黏着磨损，分析原因为水导轴承润滑油有杂质进入水导瓦与水导轴领间，因此造成水导瓦面有明显不均匀分布的粗细不等的沟线划痕缺陷，如图 3-9-1 所示。

图 3-9-1 水导瓦面明显不均匀分布的粗细不等的沟线划痕

对水导瓦瓦面高点用白钢刀做刮削处理后用百洁布清扫。水导轴领无明显划痕后，用天然油石进行打磨处理。对水导油箱进行清扫，外接滤油机对水导透平油进行过滤后注入油箱。对水导轴承室进行清扫后回装，水导油系统接入外接滤油机持续滤油。

21 时 50 分，向调度申请 3 号机组发电并网运行，3 号机组水导轴承瓦温电阻型温度计 B004 最高温度为 64℃，水导轴承系统运行正常，3 号机组瓦温、振动、摆度运行正常。

二、事件原因

直接原因：水导瓦与轴领间夹入杂质摩擦发热造成水导轴承

瓦温升高。

间接原因：水导轴承透平油过滤不充分，导致油中夹杂杂质。

三、暴露问题

（1）月度数据分析不到位，对油温瓦温运行状态及油质、油色的变化掌控不足。

（2）设备维护不到位，存在盲点，日常油务监督工作不到位，未对机组水导轴承外循环系统透平油进行定期过滤。

（3）对油箱、轴承及管路等检修不够深入，检修作业质量监督验收不到位，检修回装过程质量监督不到位。

四、防止对策

（1）对检修的设备要加强设备特巡，加强轴承系统油温瓦温运行状态及油质、油色变化，做好月度数据分析，提前发现问题、解决问题。

（2）做好日常油务监督工作，机组透平油定期过滤，定期送检，确保轴承油质合格。

（3）结合机组检修对油箱、轴承及管路进行拆检清扫。

（4）加强检修作业质量监督，做好设备回装前的验收工作，确保设备清扫彻底、检修工作到位。

（5）加强设备回装过程监督，确保回装质量，避免在回装过程中有异物掉落轴承室。

五、案例点评

水轮发电机轴承油作为润滑、传导热量的介质，其品质的好坏直接影响系统运行的状况。设备运维单位应严格按照相关标准开展油务的定期维护和监督工作，针对相对隐蔽的部位，应充分利用取样化验、定期检查等手段对油品进行监测。对于浸介质设备，应加强对介质总量、质量的把控，从而保证设备稳定运行。另外，检修维护时，加强封闭油箱、管路的清扫，认真开展质检点验收工作，注油后要提高滤油的质量，防止因小失大。

案例 3-10

某抽水蓄能电站1号机组发电过程中非同步导叶接力器活塞杆脱落导致导叶漏油

一、事件经过及处置

2015 年 1 月 14 日，某抽水蓄能电站 1 号机组发电过程中，巡检发现两台非同步导叶油泵在持续负载运行，系统压力一直在 10MPa 左右，与正常压力 15MPa 相差较大，检查发现 1 号机组 4 个非同步导叶中的一个导叶接力器有漏油现象，对 1 号机组进行停机检查。

非同步导叶的操作动力来自两台油泵及两个专用 16MPa 油气罐，4 个非同步导叶同时开启或关闭。现场检查故障接力器，漏油点在活塞腔内，油沿着活塞杆向外漏，故障接力器活塞杆比其他 3 个非同步导叶接力器长约 90mm，运维人员判定故障接力器液压缸内活塞杆与活塞已经脱落。

对 1 号机组进行隔离措施，拆卸故障导叶接力器（如图 3-10-1 所示），发现接力器活塞杆与活塞本体脱开（如图 3-10-2 所示）。

图 3-10-1 拆卸后的故障导叶接力器

图 3-10-2 液压缸活塞杆与活塞脱落

活塞杆与活塞采用焊接连接，机组开机时，非同步导叶在 50% 额定转速时打开，此时 16MPa 压力作用在活塞上，活塞杆与活塞会产生较大拉伸力，焊缝处受到的力超过了焊缝的承受极限，导致接力器活塞杆与活塞本体脱落（如图 3-10-3、图 3-10-4 所示）。

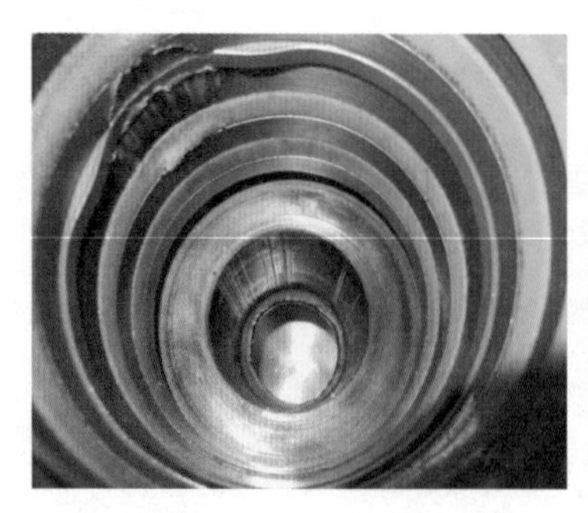

图 3-10-3 活塞断面

图 3-10-4 活塞杆

调整导叶立面间隙，保证数据符合要求，更换故障导叶接力器，对新安装的接力器进行打压试验、动作试验，均未发现异常。

二、原因分析

直接原因：非同步导叶接力器内部活塞杆与活塞焊接强度不足，接力器活塞杆与活塞本体脱落。

三、暴露问题

（1）依据《水轮发电机检修导则》（Q/GDW 11296—2014），调速器接力器活塞杆存在漏油，不符合“接力器（含分油器）串腔、漏油不超标，不影响接力器动作”要求。

（2）依据《水轮发电机检修导则》（Q/GDW 11296—2014），调速器活塞杆与活塞本体脱落，焊缝存在缺陷，不符合“接力器（含分油器）焊缝无缺陷”要求。

四、防止对策

（1）改进活塞杆与活塞的连接方式，由焊接方式改为整体铸造，提高强度，并结合机组检修更换改进后的非同步导叶接力器。

（2）加强非同步导叶系统巡视，在非同步导叶系统压力异常降低时对接力器进行检查，发现故障，及时处理。

（3）严格执行金属监督要求。对制造焊缝，应核对出厂资料，包括射线底片在内的实物资料，并做好外观检查。有怀疑时，应进行无损检测抽查。设备安装阶段，对重要金属部件应进行出厂前检验，到达安装现场后应进行复核检验，安装过程中的金属材料、焊接质量严格执行金属监督要求。设备运维阶段，结合检修对重要焊缝进行无损检测。

五、案例点评

本案例中接力器活塞连接设计选型不合理，不满足运行工况要求，非同步导叶因其设计初衷的要求具有其特殊性，非同步导叶系统压力相对偏高，对活塞杆、连接件等的强度也有更高的要求，接力器及其传动部件选型时应考虑导叶非同步开启时的水力脉动导致的金属疲劳。该部位的日常运维应更精细、更频繁，对重要焊缝应严格执行金属监督要求，做好制造、安装、运维阶段的检验。

案例 3-11

某抽水蓄能电站 1 号机组抽水运行过程中轴电流保护动作导致跳机

一、事件经过及处置

2015 年 2 月 17 日 01 时 23 分，某抽水蓄能电站 1 号机组抽水工况带 -250MW 负荷稳态运行；04 时 33 分，1 号机组轴电流保护动作，1 号机组电气跳机。操作人员将 1 号发电电动机隔离后，运维人员全面检查机组电气跳机后发电电动机定 / 转子外观检查无异常；检查发电电动机轴电流保护接地碳刷、轴电流保护电流互感器二次回路和轴电流保护装置，均未发现异常。

该电站发电电动机为伞式结构，设置有一套轴电流保护用于监视发电电动机运行过程中的轴电流大小，定值 1.0mA 延时 10s。通过对发电电动机上导轴承的结构进行分析，判断可形成轴电流回路共有 3 条（如图 3-11-1 所示），发电电动机制造商对第一条回路（图 3-11-1 中①上导瓦油膜 + 绝缘垫被击穿时轴电流回路，红色闭合回路）中的绝缘垫阻值设置有绝缘监视，而其余两条（②下导油膜被击穿时电流回路，绿色闭合回路和③推力瓦油膜被击穿时轴电流回路，紫色闭合回路）未设置绝缘监测，不便直接判断绝缘情况。

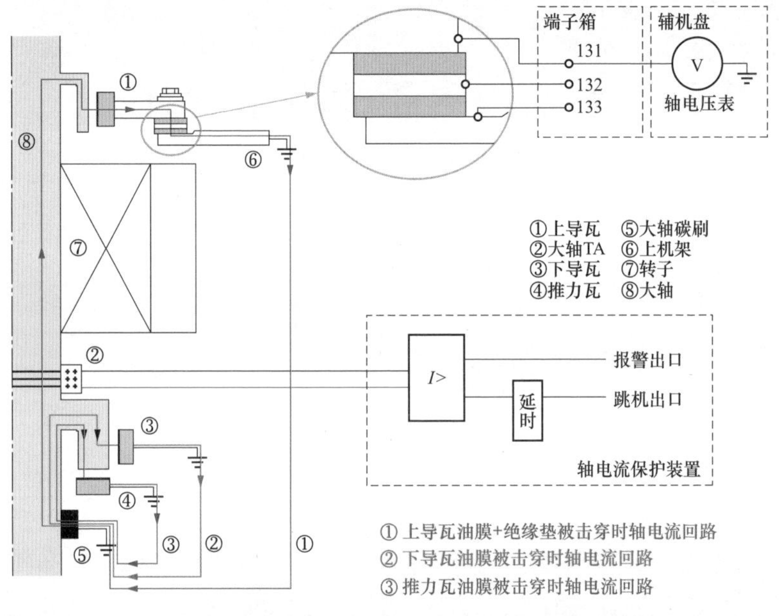

图 3-11-1 轴电流配置及动作回路示意图

从图 3-11-1 可以看出轴电流保护范围为：大轴电流互感器以上部分，即主要是上导瓦部分；①红色闭合回路是轴电流保护动作回路，其前提条件是：上导瓦油膜电阻值 +（131 ~ 132 之间绝缘垫电阻值）+（132 ~ 133 之间绝缘垫电阻值）= 总电阻值；若此时上导瓦油膜消失，同时金属颗粒或杂质附着在 131 ~ 132 之间绝缘垫及 132 ~ 133 之间绝缘垫处时，整个轴电流的回路构成，即使大轴上感应的轴电压很低，但此时回路电阻值很小，将足以产生较大的轴电流。

运维人员用净油对上导油盆进行了反复清洗后全部更换成合格的净油，换油后测量绝缘阻值有提高，暂不影响机组正常运行，但较其他机组的绝缘阻值仍然偏低，需结合机组检修将上导油盆排油并彻底清理内部各部件，以提高绝缘阻值。2 月 18 日 01 时 36 分，在 1 号机组抽水调相工况启动试验无异常，经调度同意后，1 号机组恢复正常备用。

为了彻底清理上导油盆内杂质，2 月 27 日～3 月 1 日，该电站申请机组定检对上导油盆进行了拆解，彻底清洗油盆内各个部件。在拆除上导油盆盖、上导瓦上端盖，抽出上导瓦后露出绝缘垫环（如图 3-11-2 所示），将绝缘垫环拆出检查清洗（如图 3-11-3、图 3-11-4 所示）。

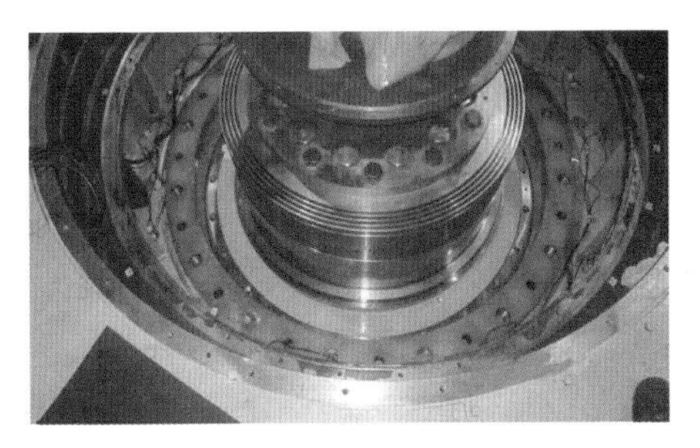

图 3-11-2　绝缘垫环在上导油盆内状态

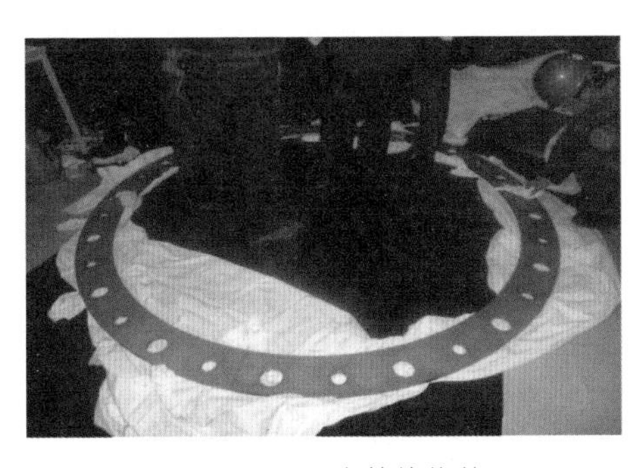

图 3-11-3　取出的绝缘垫环

图 3-11-4　绝缘垫环接缝处黏附有黑色杂质

绝缘垫的厚度约 2mm，从图 3-11-4 可以看出，绝缘垫环接缝处黏附有黑色杂质，其中可能含有碳刷磨损后产生的碳粉，当黑色杂质聚集一定数量，在电磁场作用下，就会将上面的上导瓦支撑与下面的上机架连通，从而形成了轴电流保护的电流回路，最终引起轴电流保护动作。

在对油盆内部各部件及绝缘垫环清洁后，绝缘垫环上下两层绝缘层电阻均大幅上升，清洁效果明显，机组恢复运行正常，轴电流保护未再发报警信号。

二、事件原因

直接原因：上导轴承油盆油质因混入杂质而劣化，同时上导瓦支撑处绝缘垫黏附杂质而导致绝缘降低，在大轴上感应的轴电压作用下，上导瓦支撑与下面的上机架连通，形成了轴电流保护的电流回路，最终引起轴电流保护动作，机组电气跳机。

三、暴露问题

（1）设备维护不到位，发电电动机导轴承油盆定期解体清扫检查的周期偏长。

（2）对发电电动机轴电流保护日常维护不到位，未能按期监测回路阻值。

（3）未将发电电动机上导轴承油盆底部的梳齿密封检查列入日常工作。

四、防止对策

（1）增加机组检修项目，每两年进行发电电动机轴承油盆解体检查及清洗。

（2）定期测量轴电流保护回路阻值，监测绝缘垫环的绝缘情况，发现异常及时处理。

（3）将发电电动机上导轴承的上油盆盖、油盆底部的梳齿密封检查纳入机组定检项目，定期检查梳齿密封间隙内是否有杂质或颗粒。

五、案例点评

本案例反映出水轮发电机组油务工作的重要性，表面上看是“油”出了问题，实际上是油的承载体出了问题。导致油质劣化的原因是多方面的，也是缓慢累积的过程，因此要严格按照技术监督的要求，对各类轴承油盆内的透平油应定期抽油样检测，如检测不合格，要深入分析内在原因，从“根”上及时处理。根据设备运行中出现的问题，不断完善定期检查项目，持续提高设备健康水平。

案例 3-12

某抽水蓄能电站 1 号机组抽水调相转抽水过程中泄水环板脱落导致机组被迫停运

一、事件经过及处置

2015 年 3 月 18 日 11 时 50 分 22 秒，某抽水蓄能电站 1 号机组执行抽水调相转抽水操作，11 时 51 分 54 秒，1 号机组剪断销剪断动作报警；11 时 52 分 10 秒，1 号机组到达抽水运行稳态，5s 后，出现机组顶盖振动大报警信号（报警值为 150μm），值守人员联系调度，将 1 号机组转停机。

值守人员查看机组状态监测历史数据，1 号机组在 11 时 52 分 15 秒开始，顶盖 X、Y、Z 方向振动达到 X：1485μm、Y：2067μm、Z：1834μm，但只持续 3s，未达到顶盖振动跳机保护动作（跳机值为 200μm）5s 延时。机组停稳后对 1 号机组尾水管进行了排水检查，检查发现多颗泄水环板把合螺栓断裂，3 块泄水环板脱落，转轮叶片、流道、活动导叶及球阀伸缩节等设备多处损伤（检查情况如图 3-12-1 ~ 图 3-12-4 所示）。因脱落的泄水环板部分未能找齐，遂将 1 号引水隧洞及尾水隧洞排空，查找剩余的泄水环板脱落部分。

图 3-12-1　泄水环板脱落位置

图 3-12-2　断裂的泄水环板把合螺栓

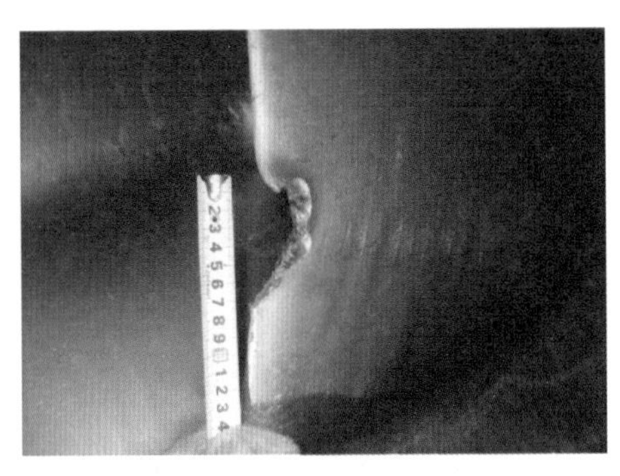

图 3-12-3　转轮叶片损伤情况

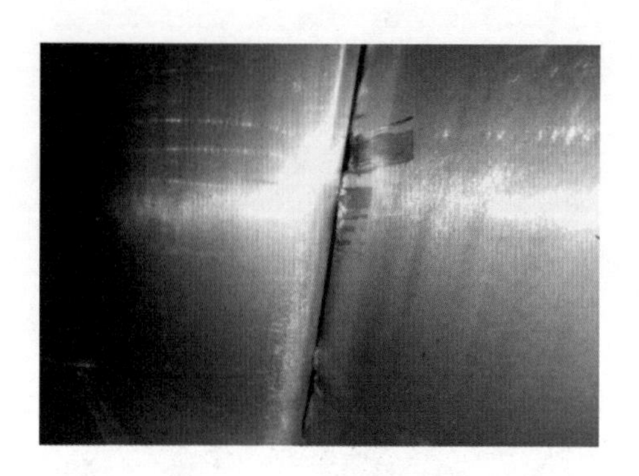

图 3-12-4 损伤的活动导叶

二、事件原因

直接原因：机组处于抽水工况下，两块脱落的泄水环板被吸入转轮（如图 3-12-5 所示），环板与转轮叶片及活动导叶发生剧烈碰撞，导致机组顶盖振动加剧，机组被迫停运，转轮叶片、流道、活动导叶及球阀伸缩节等设备多处击伤。

间接原因：电站机组启停频繁，泄水环板（如图 3-12-6 所示）把合螺栓长期处于水力脉动作用下，产生疲劳损伤，最终断裂，致使泄水环板脱落。

三、暴露问题

（1）水泵水轮机泄水环结构存在设计缺陷。泄水环采用分瓣结构，厂家在设计时没有充分考虑到机组多工况运行时尾水锥管内水流对泄水环的冲击力量，没有采取有效的固定方式，为泄水环板脱落埋下隐患。

（2）各泄水环板均由螺栓把合在底环上，使用的螺栓强度不

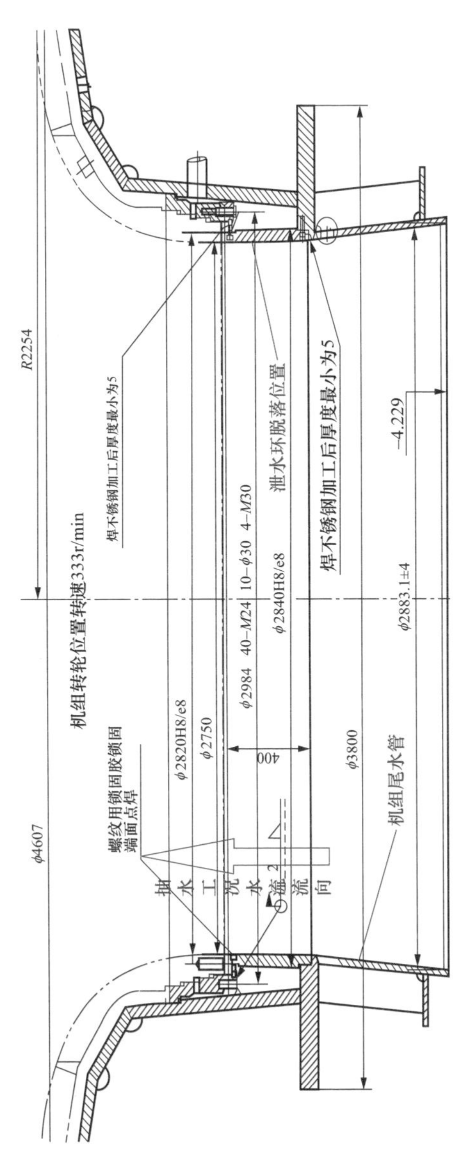

图 3-12-5　泄水环结构（一）

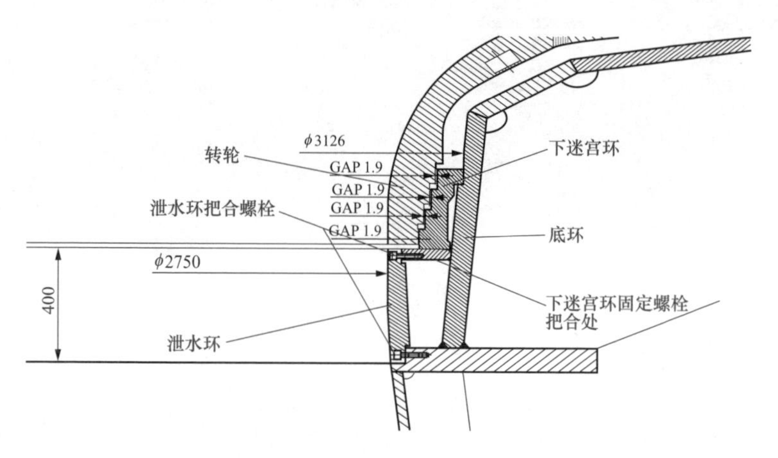

图 3-12-6　泄水环结构（二）

能满足克服尾水管内压力波动的要求，容易断裂，导致泄水环板脱落。

（3）泄水环板结合处采用焊接拼接，且焊缝深度不够，不能满足连接强度要求，易引起焊缝开裂，起不到有效的连接作用。

（4）日常运维工作不到位。运维检修工作中对螺栓松动现象未能进行深度分析，对可能产生的后果预估不足，未及时消除隐患。

四、防止对策

（1）增强泄水环把合强度。采用更高强度的泄水环把合螺栓，在把合螺栓安装完毕后点焊牢固，点焊完毕后沉孔灌满环氧树脂。在泄水环底部与底环之间增加一圈环形焊缝，泄水环合缝面背部增加支撑筋板，支撑板与泄水环现场进行焊接，对其他机组泄水环板进行相同改造。

（2）定期检查泄水环板把合螺栓情况，若有断裂，及时进行更换。

（3）定期对泄水环板焊缝进行无损检测，发现缺陷及时处理。

（4）对泄水环结构及固定方式进行重新设计，研究永久性解决方案。

五、案例点评

水泵水轮机机转轮出口为高压力脉动区，设计单位在可逆式水轮机结构设计中，对经受交变应力、振动或冲击力的零部件的安全裕度考虑不足，本案例的泄流环结构设计及紧固方式不满足抽水蓄能机组运行工况，运维单位在定期检查和技术监督管理方面存在盲区。在日常运维过程中，对于机组设备紧固件、连接件，特别是水轮机过流部件，应结合设备消缺和检修对易产生疲劳损伤的部件进行无损探伤，采用技术手段加强金属监督工作，对易疲劳和不能满足安全生产要求的设备部件及时更新。另外，对于异种钢材的焊接要注意焊条的选择及焊接工艺质量保障。

案例 3-13

某抽水蓄能电站 2 号机组发电运行过程中水泵水轮机内平衡管开裂导致机组被迫停运

一、事件经过及处置

2015 年 3 月 24 日 11 点 21 分，某抽水蓄能电站 2 号机组 300MW 发电工况运行中，巡检发现内平衡管焊缝漏水，2 号机组停止运行。开裂部位如图 3-13-1、图 3-13-2 所示。

图 3-13-1　平衡管开裂部位

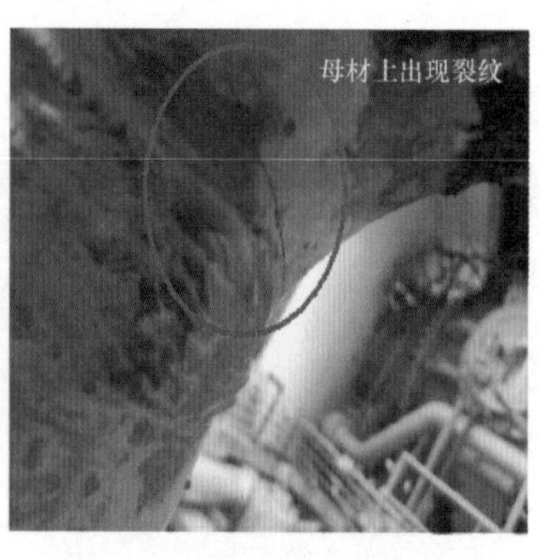

图 3-13-2　母材上出现裂纹

处理过程：

（1）对 2 号机组进行尾水隔离排水措施。

（2）在作业现场搭设脚手架，拆除管路的管箍及支架。

（3）松动并拆除部分平衡管法兰的连接螺栓，每个法兰上留3个螺栓。

（4）用等离子切割机沿管路顶端的弯头与墙管的焊缝进行切割，切割后测量墙管的外露长度大于20mm，否则，须对管路周围的混凝土进行小范围的开挖直至满足要求。

（5）拆除法兰上的剩余螺栓，将缺陷管路拆除。

（6）用等离子切割机将缺陷部位的弯头切掉，更换新的弯头并焊接，焊后进行探伤检查。

二、事件原因

直接原因：管路承受长时间的水力振动，造成弯头疲劳破坏。

三、暴露问题

（1）安装不合理。基建施工时管路布置不合理，该处位置极其狭窄，焊接空间不够，导致焊接质量不高。高震动区管路未采取合适的减震措施，防止管路应力疲劳破坏。

（2）母材材质不合格，在震动影响下形成裂纹，不满足现场使用要求。

（3）金属监督不到位，只对焊缝部位进行了探伤，未对其周围疲劳受力部位进行监督检测。

四、防止对策

（1）对所有机组内平衡管外露部分进行改造，增大焊缝与墙体的距离，增加焊接空间，提高焊接工艺，焊后对焊缝进行无损探伤，宜同时采用渗透和超声探伤，保证焊接质量。对水轮机顶盖等高振区域，优化管路连接方式，选用柔性抱箍等减震措施降低管路震动，合理增加管路支架。

（2）将母材管路更换为合适压力等级的厚壁不锈钢无缝管路，对母材进行探伤检查，从根本上提高母材的强度。

（3）将震动大、易受疲劳破坏部位的弯头、母材纳入金属监督，结合机组检修对焊缝及周围的母材进行无损检测，做好壁厚测量。

五、案例点评

本案例属于水轮机高震区域的管路连接设计不合理，母材材质不合格，安装蜗壳、尾水管、压力钢管、顶盖等高震动区域直连管路应纳入金属监督重要部位，定期进行焊缝、弯头探伤检查和管路壁厚测量。对高震动区域管路采用加装管箍、支架等方式或考虑柔性连接降低震动破坏。

案例 3-14 某抽水蓄能电站 3 号机组发电运行过程中非同步导叶油罐压力低导致机组机械停机

一、事件经过及处置

2015 年 8 月 21 日 14 点 13 分，某抽水蓄能电站 3 号机组发电启动，在并网过程中监控出现非同步导叶油罐压力低报警，3 号机组出力 46.79MW 时，监控出现机组机械停机报警，3 号机组走机械停机流程。

经查监控记录，3 号机并网后非同步导叶正常关闭，4s 后再次开启，导致非同步导叶油罐压力下降至约 7.9MPa，该机械保护定值为小于 9MPa，延时 1s 机械跳机。

查找非同步导叶异常开启的原因：发电工况 GCB 合闸后，有功功率低于 45MW 时监控会再次发令开启非同步导叶。查看历史曲线（如图 3-14-1 所示），发现 3 号机组发电并网后有功功率确实再次低于 45MW，最低有功功率达到约 34.24MW，机组发电工况并网后，非同步导叶迅速关闭，但此时其余导叶开启速度

较慢，机组有功功率迅速下降至45MW以下，导致监控再次发令开启非同步导叶，由于非同步导叶关闭、开启过快，导致短时间储能罐内油压下降过快，低于跳机值，油泵来不及将压力补到正常范围，最终引起机械事故停机。

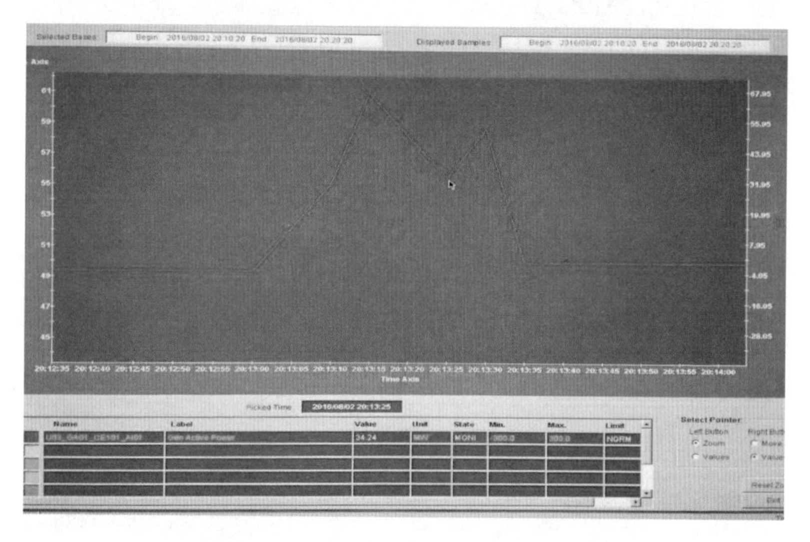

图 3-14-1　历史曲线

更换3号机组非同步导叶电磁阀AD201排油管路的节流片，在合适孔径的节流片加工、回装之前，将3号机组非同步导叶油罐压力的机械保护设定值进行临时修改。现地手动启动油泵建压，统计储能罐的压力由9MPa至10MPa所需时间约为12s。另外，厂家给出建议：将机组发电并网后关闭非同步导叶功率设定值由70MW调整至100MW，避免因关闭非同步导叶过程中出力下降，可能会再次低于开启非同步导叶的出力阈值，可能会导致油罐压力过低机组机械停机。

二、事件原因

直接原因：非同步导叶关闭、开启过快，导致短时间储能罐内油压下降过快，低于跳机值。

间接原因：其余导叶开启速度较慢，非同步导叶关闭后机组功率下降。

三、暴露问题

（1）未及时发现 3 号机组非同步导叶开启、关闭时间较其他机组过快的现象。

（2）未将机组非同步导叶的运行情况纳入月度技术分析。

（3）机组发电并网后关闭非同步导叶功率设定值偏低，存在非同步导叶关闭后短时间内再次开启的风险。

四、防止对策

（1）针对 3 号机组非同步导叶开启、关闭时间较其他机组过快的现象完善调速器系统电磁阀设备台账，结合检修统计 4 台机组的电磁阀节流片位置和节流片孔径。检查各机组其他导叶开启速度，如有必要进行调整。

（2）将机组非同步导叶的开启关闭时间纳入月度技术分析。

（3）按照主机设备厂家给出的建议，将机组发电并网后关闭非同步导叶功率设定值由 70MW 调整至 100MW。

五、案例点评

本案例属于非同步导叶动作逻辑设计经验不足，定值整定不合理，运维技术管理不到位，由于非同步导叶结构及回路存在特殊性，压力及振动变化相对偏高，应定期结合设备运行实际对相关参数定值进行校验复核，加强相关数据的横向比对，加强学习交流，减少同类问题的出现。

案例 3-15

某抽水蓄能电站 4 号机组发电运行过程中上导瓦温过高导致机组甩负荷

一、事件经过及处置

2015 年 8 月 13 日 17 时 09 分，某抽水蓄能电站 4 号机组发电运行过程中，监控报出多个上导瓦温高报警，17 时 13 分，机组机械跳机。

机组停机稳态后，运维人员检查 4 号机组上导瓦正常，监控系统正常。调阅监控记录，在机组上导瓦温异常升高时，机组推力、下导、水导、发电机空冷器等温度测量点未见升高现象，同时检查当时上导及推力油槽油温正常，各部振动摆度正常，机组技术供水泵正常供水，上导及油槽冷却水流量正常。检查上导瓦 RTD 测温回路，发现 RTD 测温外部电缆的屏蔽层均有接地，但其内部电缆的屏蔽线未接地。将 RTD 内部屏蔽线可靠接地，打开上导油槽盖板，在机组静止情况下手动启动 1 号推力外循环油泵，检查上导轴瓦冷油油流量，发现机组 -Y 轴两侧的管口出油量很小且有较多空气，其余出油口油流正常，停止 1 号泵，启动 2 号泵，同样存在这个问题。

该电站发电机为悬式机组，上导及推力轴承在同一油槽内，采用强迫外循环冷却方式。上导及推力轴承油槽内冷却管路布置如图 3-15-1 所示。

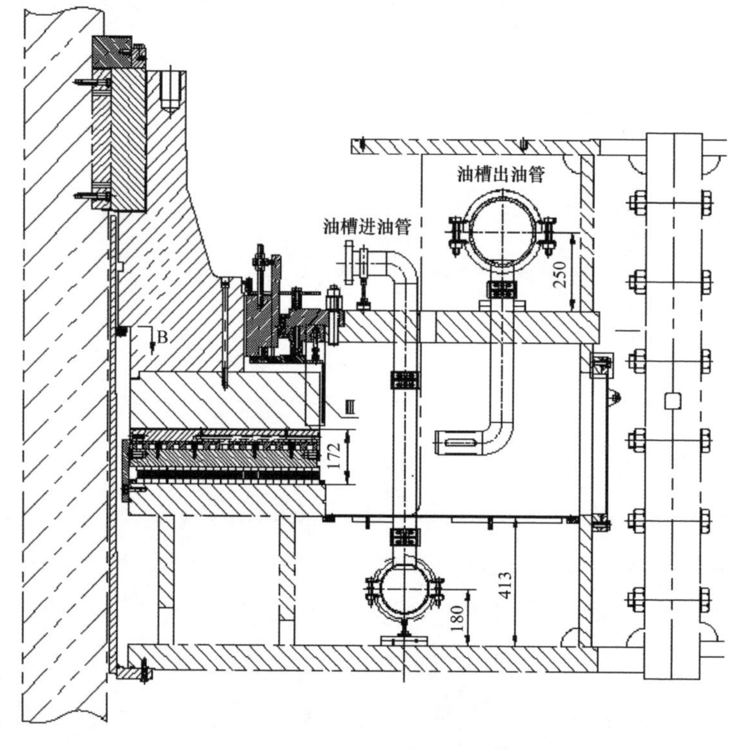

图 3-15-1　油槽内冷却管路布置剖面图

经分析，上导及推力油槽共设置 16 个吸油口，将热油从油槽内吸出，然后经布置于油槽油位上方 DN200 的总出油管引至油槽外，通过螺杆泵打压循环冷却过滤后进入油槽，经冷却后的油通过布置于油槽底部的进油环管进入油槽，在进油环管上开有12个ϕ52的进油口用于冷却推力轴承，同时在进油环管上设置8个DN65的支管，引至上导轴瓦处用于冷却上导轴瓦。由于DN200的油槽总出油环管位于油槽油位以上，总出油管密封不良，导致在油循环过程中该环管内部吸入大量空气，在油外循环冷却器及滤过器顶部加装有排气阀，排气阀通径较小为15mm，空气无法有效排出，空气随油循环又进入油槽内，在进油口处两侧的支管中大量存在，导致出油量大幅减少。总吸油环管内部空气越积越多后，造成管路中油流出现短暂断流现象，进而影响上导轴瓦冷却效果，故而瓦温升高。在上导出油管口安装节流孔，调整各管口冷油出油量，保证各管口流量均匀，排查、整治总出油管中进气点。在进行上述改进后，4号机组后续运行时瓦温均正常。

二、事件原因

直接原因：上导及推力油槽外循环管路中空气堆积造成管路中油流短暂断流，加之离心力作用，上导瓦未全部淹没在油中，从而导致上导轴承瓦温升高。

间接原因：上导RTD测温线距离定子较近，在机组投入AGC运行负荷调整过程中定子电流变化较为剧烈，产生较为强烈的畸变谐波干扰，在谐波干扰叠加的情况下，形成温度逐步缓升的现象。

三、暴露问题

（1）上导及推力油槽总出油环管安装不到位。环管为分段制造，在安装时管口对接存在错位，同时对接口抱箍压紧力不满足要求，导致对接口密封不严，在油循环时空气不断进入油管路，且管路中空气未能有效排出。

（2）未按照《水轮发电机组自动化元件（装置）及其系统基本技术条件》（GB/T 11805—2008）中 5.1.2.13、5.1.2.14、5.1.2.15 的要求设置测温装置。

四、防止对策

（1）调整上导及推力油槽总出油环管各段安装高度，确保管路中心处于同一高程，同时管路各对接口抱箍严格按照设计预紧力进行紧固，确保管路密封良好。在上导出油管口安装节流板，调整使各孔口出流均匀。

（2）推力轴瓦、各导空气冷却器装设温度信号器、测温电阻具有良好的线性及防潮性能，能抗御电磁干扰。

五、案例点评

强化设备安装及检修过程的质量管理工作，防止设备安装不到位影响机组后续运行。对照《水轮发电机组自动化元件（装置）及其系统基本技术条件》（GB/T 11805—2008）的要求，加强自动化元件维护，使之处于完好、准确、可靠状态。对重要报警信号应设置语音报警以提示值班人员，同时应着力增强值守人员业务技能，提高监盘质量，强化事故预想的有效落实，做好异常情况的应急处置。

案例 3-16

某抽水蓄能电站 3 号机组主进水阀右侧枢轴轴承轴瓦局部脱落导致漏水

一、事件经过及处置

2015 年 12 月 24 日，某抽水蓄能电站 3 号机组主进水阀（面向下游侧）右侧枢轴发现漏水，初步分析为枢轴密封盖内的 U 形密封圈损坏，2016 年 01 月 19 日申请 3 号机组扩大性定检，对 U 形密封圈进行更换。

枢轴密封箱拆开后，在枢轴轴承端部 10 点钟方向发现轴承润滑层碎片 6 块，而且碎片为活动状态（如图 3-16-1 所示），在碎片区域对应的 U 形密封圈上，发现密封圈内侧被碎片刮坏，并在枢轴端部发现密封圈碎屑（如图 3-16-2 所示）。

枢轴漏水位置如图 3-16-3 中①位置所示。3 号机组与 1 号机组主进水阀轴承型号相同，均为铜背自润滑轴瓦，2 号机组与 4 号机组主进水阀轴承型号相同，均为 PTFE 材料内嵌青铜基。铜背自润滑轴瓦形式为 4 节分段结构，其结构形式、制造工艺、与阀体的间隙配合关系等存在安全隐患。轴承外壁与阀体配合关系为间隙配合，当枢轴与轴承的摩擦力大于轴承与阀体摩擦力时轴承开始随枢轴转动，轴承内壁的润滑层起不到润滑作用，枢轴反复转动后润滑层发生脱落。

图 3-16-1 枢轴轴承润滑层碎片

图 3-16-2 U 形密封内侧被刮坏部位

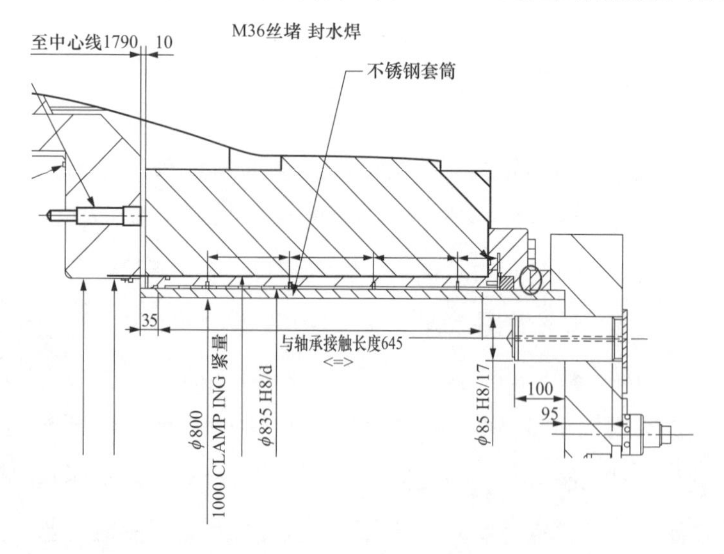

图 3-16-3 枢轴漏水位置

本次检修将主进水阀左、右两侧枢轴轴承均更换为内嵌青铜基轴承，充水后未发现漏水情况，主进水阀开关时间正常，未发生卡涩漏水。

二、事件原因

直接原因：轴承内壁的润滑层未起到润滑作用，枢轴反复转动后润滑层产生脱落。

间接原因：轴承脱落的碎片在枢轴与轴承内壁间窜动，对轴承端部的U形密封造成损坏。

三、暴露问题

依据《国家电网公司水电厂重大反事故措施》（国家电网基建〔2015〕60号），3号机组主进水阀轴承外壁与阀体配合关系为间隙配合，当枢轴与轴承的摩擦力大于轴承与阀体摩擦力时轴承开始随枢轴转动，轴承内壁的润滑层起不到润滑作用，枢轴反复转动后润滑层有脱落的风险，不符合“枢轴轴瓦与阀体之间应设有可靠固定方式确保不发生相对位移”的要求。

四、防止对策

（1）主进水阀枢轴应采用铜基镶嵌自润滑、双金属自润滑或其他具有在类似运行条件使用证明是可靠和具有长期使用寿命型式的轴瓦，枢轴轴瓦与阀体之间应设有可靠固定方式确保不发生相对位移。

（2）加强对其他同型进水阀监测，结合检修进行更换。

五、案例点评

高水头球阀作为水流进入转轮前的“总开关”，经常在动水情况下进行启闭，会影响球阀枢轴轴瓦的寿命。轴瓦与枢轴、与轴套的摩擦系数的选用上要合理，充分考虑枢轴偏载时轴瓦与枢轴较大的摩擦力。主进水阀枢轴应采用铜基镶嵌自润滑、双金属自润滑或其他具有在类似运行条件使用证明是可靠和具有长期使用寿命型式的轴瓦，枢轴轴瓦与阀体之间应设有可靠固定方式确保不发生相对位移。

主进水阀驱动端、非驱动端枢轴易发漏水，对漏水量应定期测量，结合检修检查密封磨损情况，如有必要及时更换。

案例 3-17

某抽水蓄能电站 1 号机组停机备用期间水导冷却器内漏导致油盆油位升高

一、事件经过及处置

2016 年 1 月 5 日，某抽水蓄能电站 1 号机停机稳态时，运维人员监盘发现 1 号机水导油盆油位约为 471mm（油位高报警 475mm），经与 1 月 4 日中班比较上升了 10mm。且 1 月 5 日运维人员未对 1 号机组水导油盆加油，油位上升属异常现象。

现场检查 1 号机组水导油位计，钳形电流表测得输出电流约 10mA，经换算油位约为 470mm，与监控显示相符；打开水导油盆上端盖用油尺检查实际油位，油盆实际油位约 470mm，经判断油位计运行正常。通过上述检查，怀疑水导轴承润滑油盆进水。通过 1 号机水导系统排油阀取油样，准备送检，在取油样过程中发现水导油黏稠度明显降低且有乳化现象，以此判断确实发生进水，如图 3-17-1 所示。

图 3-17-1 1 号机水导排油情况

检查 1 号机组水车室内管路，未发现漏水情况，由于水导油管路与水系统有交互的地方仅水导冷却器一处，判断水导冷却器发生内漏。领取水导冷却器备件、透平油，更换新冷却器。

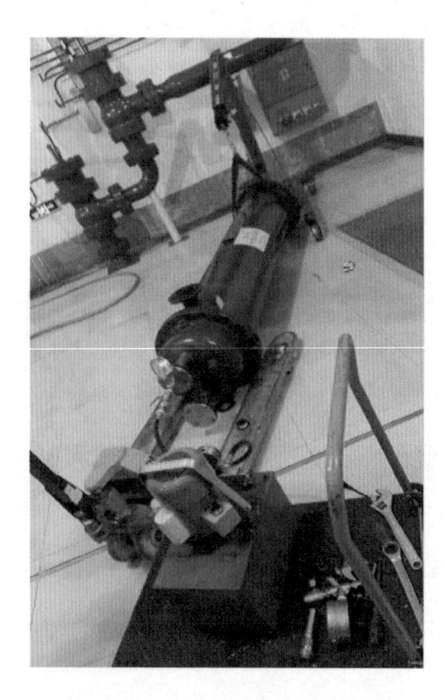

图 3-17-2 1 号机故障水导冷却器打压试验

新冷却器打压试验，试验压力为 1.0MPa，保压 30min，压力未明显下降。拆出的水导冷却器进行打压试验，试验压力为 1.05MPa，10min 后发现压力已降至 0.85MPa，说明原冷却器内部水管路存在渗漏，如图 3-17-2 所示。

对 1 号机组水导油盆和水导供排油管路进行清理，用合格的透平油冲洗油盆和管路，恢复管路后向水导油盆注入合格的透平油，至水导油位恢复正常。处理后，从 26 日凌晨 3

时 00 分到上午 10 时 30 分，油位曲线平稳，没有出现波动，机组消缺完毕。

二、原因分析

直接原因：水导冷却器内管路元件老化，使用健康寿命到期，引起冷却器内漏。

三、暴露问题

（1）机组检修时虽对水导冷却器进行清理检查，但未进行打压试验，依据《立式水轮发电机组检修技术规程》（DL/T 817—2014），不符合“导轴承装复后冷却器应按设计要求的试验压力进行耐压试验”的要求。

（2）水导油盆油混水装置灵敏性不够，未及时报警。

四、防止对策

（1）利用机组检修，对水导冷却器用合适的工具和方法进行全面清理检查，并按规定进行打压试验，以确保正常运行。针对水导冷却器使用寿命，加强其他机组水导冷却器运行情况分析。通过向其他单位调研，选择可靠的水导冷却方式，优化水导冷却系统，通过采购选型更佳、质量更好的备件，结合机组检修进行更换。

（2）选用灵敏度高的油混水报警装置，一旦发生油混水及时报警。

五、案例点评

本案例属于检修项目执行缺失而导致的安全事件，提醒各生产单位在开展检修时应严格执行按运检规程要求，结合检修对水导冷却器进行全面清理检查及打压试验；加强检修质量管控；日常运维过程中，可通过油温、流量、压差等参数比对分析冷却器的健康状态；结合技术监督工作的开展按照技术监督要求，对水导各部导轴承油进行定期化验检测。

案例 3-18

某抽水蓄能电站 3 号机组定检过程中发现下导轴承盖板固定螺栓脱落至油盆内故障

一、事件经过及处置

2016 年 1 月 9 日，某抽水蓄能电站 3 号机组定检过程中对推力下导外油盆盖检修时，发现下导轴承的轴承盖板固定螺栓（M16，8.8 级）脱落 10 根，在内油盆盖上发现 2 根脱落螺栓，其余 8 根未找到，推测已落入内油盆中。2 根脱落螺栓的丝扣上，带有从轴承支座上咬下的母材，其中 1 根达 4 圈之多。10 根螺栓脱落，导致下导轴承存在松动风险，对机组运行造成很大影响，立即开展检修。对下导瓦盖上剩余 22 颗螺栓进行检查，发现脱落螺栓区域附近的螺栓均有不同程度的松动现象。

在下导瓦盖拆开吊起后，运维人员经过测量发现：瓦盖厚度 30mm、母材螺孔孔深度 50mm（其中，丝扣部分约 40mm）；瓦盖 32 颗螺栓中 30 颗螺栓长度为 50mm，2 颗为 45mm，2 颗 45mm 的螺栓均为脱落的螺栓；脱落的螺栓螺纹上均带有丝扣，长的丝扣约有 10mm，短的约 5mm；螺栓上的弹簧垫片约

4.5mm、平垫约 2mm。

经过计算，发现脱落的 10 颗螺栓里，与母材把合部分丝扣长的约为 13.5mm，短的约为 8.5mm，而国家标准要求 M16 的螺栓把合长度应不小于 16×1.25=20mm。

厂家通过核对图纸，确认下导瓦盖螺栓处不应使用弹簧垫片，应只用一个锁定片。最终，厂家给出更换为 60mm（M16，8.8 级）的螺栓和原厂 1mm 锁定片的建议（60mm 的螺栓把合长度约为 60-30-1=29mm，满足国家标准要求），并建议螺栓把合力矩为 206N•m。

下导轴承盖板螺栓位置如图 3-18-1 所示，脱落螺栓分布如图 3-18-2 所示，脱落螺栓及所带出母材如图 3-18-3 所示。

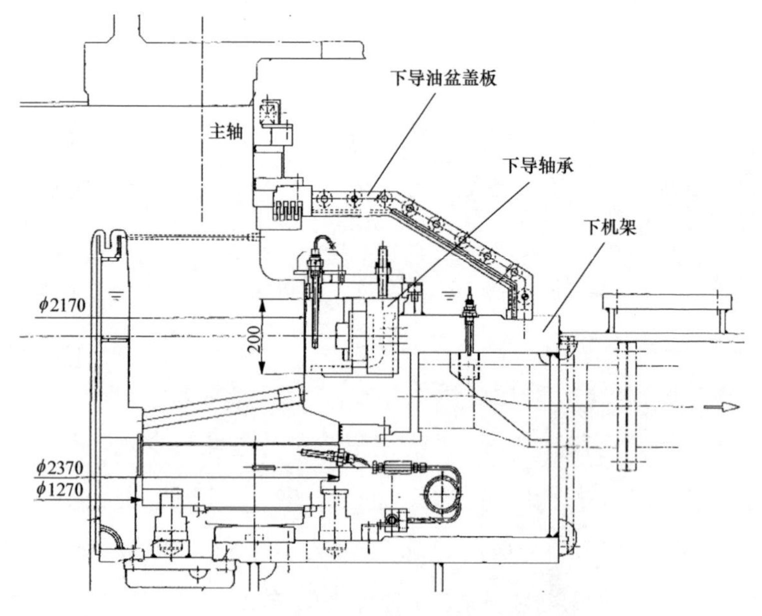

图 3-18-1 下导轴承盖板螺栓位置

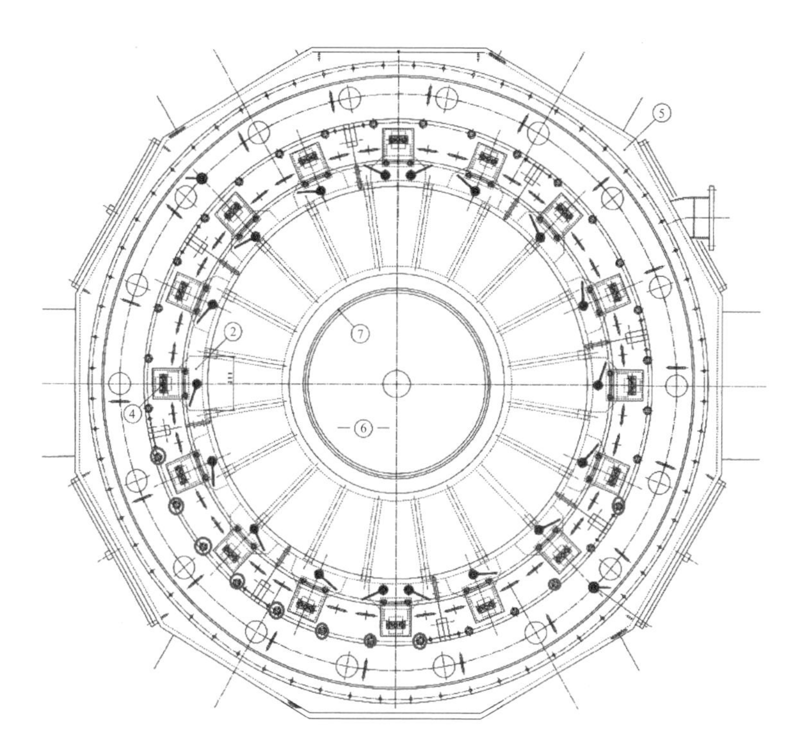

图 3-18-2　下导轴承盖板脱落螺栓分布

图 3-18-3　脱落螺栓及所带出母材

将 3 号机组采用 60mm（M16，8.8 级）的全螺纹螺栓（配

1mm锁定片）替换当前正在使用的瓦盖螺栓，紧固力矩为206N·m。

二、原因分析

直接原因：下导瓦盖把合螺栓长度不足，把合长度不够。

间接原因：选用平垫和弹簧垫，未选用合适的锁定片。

三、暴露问题

（1）设备安装质量不合格。基建期，施工方未按照图纸和厂家要求使用合格长度的螺栓和垫片。在机组运行过程中，机组旋转过程中大轴与下导瓦在接触时会产生一股横向的撞击力，该力道传送到挤压楔子板处，由于楔子板是有角度的，导致形成向上的冲击力，而瓦盖是与楔子板固定的，这股冲击力就带动瓦盖向上冲击，经过机组长时间运行，加上瓦盖螺栓把合不够，就导致了螺栓咬下丝扣脱落的现象。

（2）未选用正确的螺栓锁定措施，仅适用弹簧垫和平垫，未按设计适使用锁定片和螺栓锁固胶。

四、防止对策

（1）结合机组定检，通过内窥镜检查其他机组下导轴承瓦盖螺栓是否存在螺栓松动及脱落现象，如有发现，及时申请检修，针对性消缺。

（2）结合机组C级及以上检修，对其他机组下导轴承瓦盖螺栓进行全面拆卸检查，如发现把合螺栓和垫片不满足设计要求，及时进行更换。排查发电机风洞内用所有螺栓是否符合设计要求，做好防松动、脱落措施。

五、案例点评

本案例属于施工质量控制不严，监理不到位。新投产机组应及时排查机组选用的螺栓长度、强度是否符合设计要求，发现问题及时更换。运维单位应高度重视发电机风洞内各紧固螺栓的防松动管理，对重要部位螺栓管理应常态化，提前预防，日常运维加强对螺栓松动、裂纹等异常情况的检查，隐蔽部位的螺栓尤其需要关注，螺栓防松标识要醒目。

案例 3-19

某抽水蓄能电站 4 号机组抽水调相启动过程中由于上导瓦损坏导致机组启动失败

一、事件经过及处置

2016 年 5 月 18 日 23 时 09 分，某抽水蓄能电站 4 号机组抽水调相开机，23 时 14 分，4 号机组转速达到 95% 额定转速后 14s，监控上位机出现 4 号机组上导轴承 X/Y 摆度二级报警，4 号机组机械跳闸动作，启动失败。

运维人员查找监控历史数据，上导摆度确实达到跳机值，检查上导摆度测量探头无松动，对比跳机前后抽水调相启动过程的振动、摆度、瓦温数据，上、下机架及顶盖振动未发现明显差异，上导及推力瓦温也未发现明显差异，上导、下导及水导在跳机发生时的摆度明显比事故前的大。如图 3-19-1 所示，跳机时上导摆度最大到达 670μm，跳机前上导摆度最大到达 470μm。

运维人员拆开上导油槽上部的吸油雾装置，检查油槽内部发现有金属碎屑、碎片，立即对上导油槽进行排油，检查发现油槽内部有大量的金属碎屑、碎片，抽瓦检查发现上导瓦全部损坏，其上端部钨金面大量剥落，损伤情况如图 3-19-2 所示。

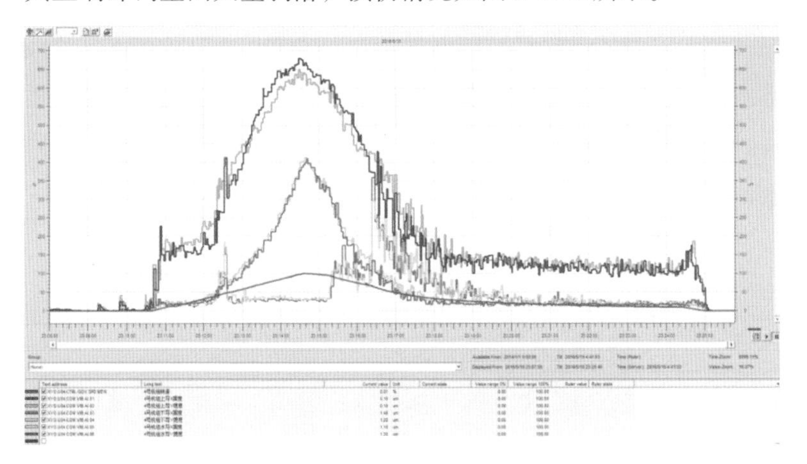

图 3-19-1　跳机时 4 号机组上、下导及水导摆度曲线

图 3-19-2　上导瓦损伤情况

运维人员对上导瓦间隙进行检查，将检查数据与上一次检修时的数据对比，发现上导瓦间隙几乎未发生变化，上导瓦未发生松动导致间隙变小。

向调度申请后机组转入B级检修，将4号机组上导瓦全部更换。损坏的上导瓦送至原厂家进行重新浇注加工，对上导/推力油槽及油循环管路进行彻底清扫，对上导/推力油盆内冷却油管出油孔进行部分封堵，重新分配各部位冷油量；为保证机组运行时上导瓦轴向摆动良好，对上导瓦瓦衬进行了加工。B级检修结束后，经瓦温考核及运行观察，4号机组上导瓦温，上导、下导、水导摆度均在合格范围内。

二、事件原因

直接原因：机组上导瓦损坏导致机组抽水调相启动过程中上导摆度过大。

三、暴露问题

（1）上导轴承油循环回路密封性能不良，导致供油路中存在大量漩涡或空气，造成瓦上半部分油膜无法形成或形成不均匀，运行过程中产生油膜压力波动。

（2）上导瓦支撑结构不合理，且衬垫凸台加工不到位，导致上导瓦自调节能力差，引起导瓦局部受力。

（3）导瓦支撑结构使瓦面与滑转子上半部分间隙较小，在油膜形成不均匀时使瓦面只有上半部分与滑转子接触，其受力面积远小于设计值，致使瓦面单位面积受力过大，长期运行后致使轴承合金层产生疲劳裂纹。

（4）从瓦面剥落断面来看，其剥落位置均发生在钨金与瓦基的结合面处，推断钨金结合强度达不到设计要求。

（5）对剥落钨金成分进行检测，发现钨金成分不符合标准（铜含量过高）。

四、防止对策

（1）结合机组检修，对各机组上导轴承油循环回路密封性能进行排查，深入查找供油管路进气原因并治理，从根源上解决管路进气问题。

（2）改善上导瓦的支撑方式，将上导支撑方式由平面支撑改为球面支撑，确保轴承瓦在径向和轴向动作灵活。

（3）对各机组同批次上导瓦进行无损检测，确保其他机组上导瓦运行正常。

（4）密切关注各机组上导轴承瓦的运行情况，多分析机组启停及运行过程中上导温度、摆度、机组振动等曲线，发现异常变化时及时与调度沟通停机处理。

五、案例点评

抽水蓄能主机国产化道路任重而道远，需要不断积累经验。本案例中上导瓦支撑结构不合理，不能满足抽水蓄能机组双向旋转要求，应强化招标设计审核，以仿真模型试验为基础，借鉴同类机组运行中出现的问题，在设计、制造阶段消除轴承支撑方式不合理、冷却循环回路易进气供油不畅等问题。加强质量验收工作，设备到货时要求厂家出具产品成分检测报告，严格对照标准检查设备质量是否合格。强化设备安装过程质量管理工作，防止设备安装质量不高影响机组后续运行。

案例 3-20

某抽水蓄能电站 4 号机组抽水启机过程中主轴密封流量低导致机组启动失败

一、事件经过及处置

2016 年 07 月 19 日，某抽水蓄能电站 4 号机组在抽水启动过程中，监控报 4 号机组主轴密封流量低，现地检查发现，4 号机组主轴密封流量 12m³/h，两台主轴密封过滤器均在排污状态，查看顶盖内积水为浑浊状态，随后执行手动停机流程。

4 号机组主轴密封两个过滤器 453FI/454FI 同时在排污，主轴密封供水现地流量计显示为 12m³/h，低于报警值 16m³/h。检查发现，两个主轴密封供水过滤器持续不停排污，一次排污结束后，过滤器两侧压差开关仍动作，直接开始下次排污，检查顶盖内积水也变得非常浑浊。主轴密封两台过滤器滤芯堵塞，不间断地冲洗，最终主轴密封供水流量出低报警。

对 4 号机组 1、2 号主轴密封过滤器做隔离措施，对过滤器进行拆解检查。拆卸后，发现 4 号机组主轴密封 1、2 号过滤器滤芯内部均出现严重淤泥堆积，过滤器内水质浑浊，过滤器两端压差开关的测压管内部也有杂质堵塞。由此判断，由于主轴密封供水管道中水质泥沙较大，过滤器两端压差达到排污值，且一次排污无法清除干净，导致过滤器频繁排污，从而引起主轴密封供水管流量降低严重，出现低报警。

清洗过滤器滤芯、压差开关引水管，回装后流量及压力正常，报警消失。

二、事件原因

直接原因：主轴密封供水泥沙含量大，滤网堵塞引起主轴密封供水过滤器持续排污。

三、暴露问题

（1）依据《国家电网公司水电厂重大反事故措施》（国家电网基建〔2015〕60号），主轴密封主用水源选取不合适，水质不稳定，下水库区域突发暴雨，上游库泄洪量急剧增加，导致下水库水位急剧上升，库内水质含沙量、碎石量大量增加，对机组启机时的机组技术供水造成严重影响，造成过滤器堵塞。不满足“主轴密封供水应保证水质清洁、水流畅通和水压正常，流量计、压力变送器、示流器等装置应定期检验确保其工作正常，对设计有主备用供水水源的主轴密封应定期进行切换试验”的要求。

（2）与调度沟通不到位。在防汛期间，对水库突然来水、水质变差的情况下，与调度沟通不到位，造成机组启动时机组冷却水受到较大影响。

四、防止对策

（1）调研系统内其他电站的主轴密封取水方式和过滤器性能，必要时进行改造，选用水质清洁、受恶劣天气影响小的水源。

（2）进一步完善迎峰度夏的防汛应急处置方案，在迎峰度夏防汛期间，遭遇暴雨、上游泄洪等极端天气时，与调度做好沟通，做好机组启停的规划，确保机组受影响度降至最小。

五、案例点评

供水回路供水水质的好坏可能影响重要部位设备的运行情况，部分地区可能存在季节性水质恶化问题，必要时可通过过滤器改造提升供水可靠性，如选用旋流器型式过滤器。结合检修加强供水回路过滤设备的定期清洗，避免出现堵塞现象。为保证主轴密封供水可靠性，应加强工作密封主备用供水水源定期切换检查。

案例 3-21

某抽水蓄能电站1号机组导叶接力器动作时因缸体划痕导致腔体漏油

一、事件经过及处置

2016年7月21日，某抽水蓄能电站1号机组停机备用状态时调速器油泵启动次数增多，启泵间隔时间约10min（正常情况为18min），初步判定调速器油压系统存在异常，主配回油量增大。经检查，排除了调速器3个组合阀漏油的可能，同时对导叶接力器腔体漏油进行试验，步骤如下：

（1）关闭2个导叶接力器开关腔阀门，观察回油箱漏油呈线性，明显变小。

（2）打开2号导叶接力器开关腔阀门，观察回油箱漏油也呈线性，无变化。

（3）打开1号导叶接力器开关腔阀门，观察回油箱回油量明显增大，油罐油压下降明显。

（4）关闭1号导叶接力器开腔阀门，发现开腔压力表指针从

0 迅速上升到 5MPa（3s）（导叶全关时关腔通额定压力，开腔压力应为 0）。水车室伴随有机械扭曲力声音，然后打开阀门，开腔压力表压力迅速降为 0，水车室异音消除。

（5）关闭 2 号导叶接力器开腔阀门，开腔压力表显示压力依然为 0，水车室无异常声音。

（6）关闭 1 号导叶接力器开关腔阀门、2 号导叶接力器开腔阀门，拆卸 1 号导叶接力器开腔压力表，表孔有较多油溢出。

由此可见，1 号导叶接力器内部腔体漏油。

处理过程：

（1）解体检查。接力器端盖及活塞杆整体拆除，活塞拔出缸体，解体后发现缸体内壁 −Y 和 +X 方向有两条长约 450mm、宽约 45mm、最深处达 2 ~ 3mm 的划痕，活塞也有严重划伤，导向带与活塞组合密封也有划伤，如图 3-21-1 ~ 图 3-21-3 所示。

图 3-21-1　1 号导叶接力器活塞外部划痕

（2）1 号导叶接力器处理。将缸体横卧，将两条拉伤严重处先用磨光机表面打磨，以增加补焊焊接强度。对补焊区域及相邻约 200mm 范围内的母材预热至 80 ~ 100℃，用 422 焊条（缸体材料为 16Mn）对拉伤处进行补焊，焊后进行打磨清理，保证内径公差。将接力器缸体内金属屑清理干净，对调速器操作油管路用新油冲洗，油系统过滤。

图 3-21-2 1 号导叶接力器缸体内壁划痕

图 3-21-3 1 号导叶接力器缸体内壁较深划痕

（3）活塞密封及导向带安装。对活塞及缸体进行全面清理，活塞预装缸体一次，预装正常后，各密封、导向带清洗干净后，依次回装。缓慢下落活塞杆直至前端盖密封均匀压紧，并将所有螺栓把合固定。接力器超声波探伤检查均正常。

（4）接力器耐压试验。接力器开关腔分别进行耐压试验，缓慢加压至 6.3MPa（额定压力），检查前缸盖密封良好，缓慢加压至 9.45MPa，再次检查前缸盖密封性及活塞环密封性，静置 30min，前缸盖密封无渗漏，活塞漏油量约 18mL/min。同时测量接力器全行程为 480mm，基本符合要求。

（5）接力器回装。将接力器吊装至机坑，调整接力器位置，安装固定于基础座。接力器连板、销钉、液压锁锭、开关腔油管路、导叶传感器二次元器等部件回装。

（6）建压及相关试验。调速器油压装置建压，1 号导叶接力器缓慢充油试验正常；手动缓慢开关导叶，检查接力器及二次元件动作正常，导水机构各部件动作正常，导叶立面间隙复测符合要求，导叶压紧行程测量与修前基本一致，调速器其他相关试验均正常。调速器系统复役后，初始时接力器关闭腔压力为 6.3MPa，开腔压力为 0MPa。将接力器操作管路开腔隔离阀关闭，关腔隔离阀保持打开状态，两腔均压时间为 6min（修前为 3s），由此判断接力器处理后密封效果得到明显改善。

二、原因分析

直接原因：1 号导叶接力器动作时油压管路内部金属残渣对缸体及活塞造成划伤，引起开关腔漏油。

三、暴露问题

（1）依据《水轮发电机检修导则》（Q/GDW 11296—2014），接力器内腔存在串油，不符合“接力器（含分油器）串腔、漏油不超标，不影响接力器动作”的要求。

（2）依据《涡轮机油》（GB 11120—2011），调速器系统透平油存在金残渣，不符合“透平油、绝缘油油质合格并定期化验”的要求。

（3）调速器操作油管路安装时未进行彻底清理，遗留有金属焊渣。

四、防止对策

（1）结合机组检修对机组导叶接力器开关腔漏油情况进行检查，对导叶接力器缸体内部用内窥镜进行检查，做接力器打压试验和渗油量试验，同时对调速器油系统进行彻底清扫和过滤。

（2）严格执行技术监督要求，加强滤油，进行油质检测。

（3）油系统管路焊后进行彻底清理，对焊瘤、焊渣进行打磨清除，管路投入使用前须用干净透平油充分循环冲洗。

五、案例点评

本案例属于安装、检修质量管控不到位，验收环节履职缺失，化学技术监督不严格，对调速器油品污染后果认识不足。油操作系统各部件配合精密，对油质要求非常严格。提高设备安装改造阶段质量验收等级，控制油管路焊接、安装后的内部清洁的质量；严格执行滤油、检测工作，确保油质合格；同时按照规程规范要求定期对油系统管路和设备进行检查、清扫。

案例 3-22

某抽水蓄能电站 2 号机组启动过程中推力瓦和镜板之间油膜未有效建立导致推力瓦受损

一、事件经过及处置

2016 年 7 月 29 日 19 时 52 分，某抽水蓄能电站 2 号机组定检结束后进行试转，球阀打开、风闸退出，发现机组无蠕动转速（其他机组正常在球阀打开风闸退出后导叶漏水即可使机组蠕动），随后手动开导叶至 2.6% 开度，机组仍无转速，对机组隔离检查。

检查风闸投退正常，主轴密封供水正常，启动高顶泵，人力手动盘车无法盘动。外部检查机组转动部分与静止部分接触部位是否有卡涩，未发现异常，将上导推力油槽内油排空，拆开推力油槽 +Y 和 −Y 方向侧盖板及内部稳油圈后检查，发现 1、2、7、8、12 号 5 块推力瓦均有不同程度的损伤，磨损的钨金均堆积在推力瓦发电工况出油侧边角处，如图 3-22-1 所示。

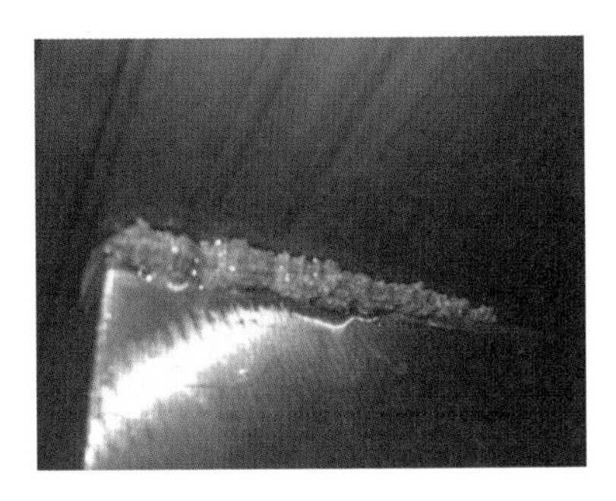
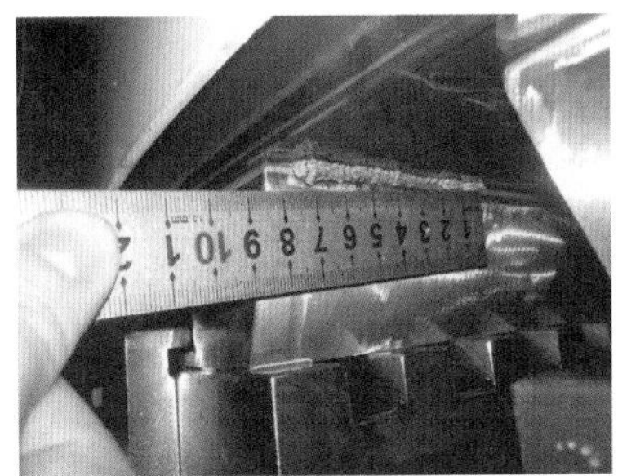

图 3-22-1　推力瓦磨损后钨金堆积情况

随后向调度申请将 2 号机组转为 C 级检修，12 块推力瓦全部拆出，12 块推力瓦损伤部位均在外侧，宽度 80mm 左右，钨金几乎堆积在发电方向出油边，堆积钨金成层状，拆出的推力瓦如图 3-22-2 所示。

图 3-22-2　磨损推力瓦俯视图

在机组检修过程中，运维人员会同厂家对推力瓦拉丝的可能原因进行逐一排查，发现高压油顶起系统溢流阀开启压力整定值测偏低为 11MPa，高压油泵启动后，溢流阀将动作，将不能形成足够的冲击压力，造成镜板和瓦不能完全脱开，局部不能形成油膜，在低转速下会造成瓦表面磨损、拉伤，拉下的钨金被镜板带入下一块瓦，聚集在进油边，长期反复积累，造成瓦的形面逐步恶化，即使在高顶投入的情况下，钨金瓦局部（磨损部位）仍然不能与镜板脱开，形成很大阻力无法顺利盘车。同时高顶系统油泵前端设精滤器，后端设粗滤器，当滤油器出现堵塞现象后导致短时油泵供油不足，油膜很薄，出现推力瓦局部磨损现象，该电站滤油器不易清理，如堵塞后将影响高顶系统工作。

运维人员通过C级检修更换全部12块经探伤合格的推力瓦，将高压油顶起系统溢流阀整定值调整至20MPa，更换并清洗高顶滤油器及滤芯，重新盘车调整轴线至合格范围。

2号机组经过上述处理后，经过1个月的观察，发电工况推力瓦温稳定在65℃以下，抽水工况推力瓦温稳定在70℃以下，机组运行情况良好。

二、事件原因

直接原因：机组低速运行时推力瓦和镜板之间局部无法形成油膜导致机组推力瓦面拉伤，拉下的钨金被镜板带入下一块瓦，聚集在进油边。

间接原因：推力瓦高压油系统溢流阀（安全阀）开启压力整定值偏低，高压油泵启动后，溢流阀将动作，不能形成足够的冲击压力，造成镜板和瓦不能完全脱开，局部不能形成油膜。

三、暴露问题

（1）安装时高压油减载系统溢流阀开启整定压力值偏低，不能形成使推力瓦与镜板完全脱开的冲击力。

（2）高顶滤过器不可拆卸，无法清洗，此过滤器堵塞后容易影响高顶系统工作。

（3）高压注油系统油泵流量、供油管路节流片尺寸安全裕度不足，且注油系统稳定运行压力报警值设定较低，导致供油压力和流量不足。

四、防止对策

（1）将全部 4 台机组的高压油减载系统溢流阀整定值调整至 20MPa，以满足机组启动瞬间产生足够大的冲击力使镜板和推力瓦完全脱开。

（2）结合机组检修、定检，定期对机组转动部分进行盘车检查，确保高压油减载系统正常。

（3）结合机组检修，对各机组推力瓦进行外观检查和无损检测，检查推力瓦面高压油出油是否均匀，流量是否充足，供油管路、接头无渗漏。

（4）运维人员在机组运行时加强对推力瓦瓦温的监视，启动过程中加强对高压油减载系统的油压监视。

（5）更换新型的可拆卸式高压注油泵入口滤油器，以方便在日常维护和检修时进行清洗检查。

（6）对高压注油系统的泵流量、压力、节流孔尺寸等进行重新设计计算，对高压注油系统的压力开关配置、现地 PLC 逻辑及监控系统相关控制逻辑进行优化。

五、案例点评

水轮发电机组推力瓦设计时应考虑各工况以及低转速条件下，能建立足够的油膜厚度，确保瓦面可靠润滑，安装时确保安装工艺和质量符合标准，调试时应验证整定值满足各工况运行要求，运行时要加强高压注油系统油温、油压等关键参数的监视。通过不断总结在运机组故障情况，查找家族性缺陷原因，落实对策，提升抽蓄机组推力瓦设计、制造、安装工艺水平，提高推力瓦高压油系统油泵及管路的设计标准及技术措施。同时，运维单位要严格执行日常维护检修工作标准要求，全面开展过渡过程复核，确保机组推力运行具有足够的安全裕度。

案例 3-23

某抽水蓄能电站 2 号机组抽水启动过程中主轴密封压差与流量异常导致启动失败

一、事件经过及处置

2016 年 8 月 4 日，某抽水蓄能电站 1 号机组拖动 2 号机组抽水工况，2 号机组由抽水调相工况转抽水工况过程中监控系统出现主轴密封流量和压差同时跳机值报警，2 号机组机械事故停机。

机组主轴密封压差报警及跳机逻辑为主轴密封压差值小于 0.03MPa 且流量低于 210L/min 延时 15s 跳机。查询跳机前后历史事件记录，2 号机组主轴密封在 03 时 51 分 27 秒出现主轴密封压差低报警，03 时 57 分 29 秒出现主轴密封流量低报警，15s 后，机械停机条件满足，2 号机组机械停机。

（1）现场检查 2 号机组主轴密封供水管路及阀门无破损、无漏水。

（2）现场检查主轴密封过滤器前后压力分别为 0.5MPa、0.48MPa，压差在正常范围内，手动清洗过滤器，压差无变化，排除主轴密封过滤器滤芯堵塞可能。

（3）检查主轴密封流量传感器及压力传感器回路电压正常，上送电流值与监控显示一致，端子无松动，同时结合监控系统流量和压力变化曲线无抖动和突变等现象分析，排除传感器及其二次回路故障的可能。

（4）检查减压阀前压力正常，但发现减压阀后压力仅为0.48MPa（正常应在 1.4MPa 左右），由此判断减压阀本体故障。对减压阀进行解体检查，发现减压阀压紧弹簧多层断裂（如图3-23-1 所示），压紧弹簧断裂失效后减压阀阀板关闭，导致过流量减小，减压阀后压力下降。由此判断，主轴密封压紧弹簧多层断裂导致主轴密封流量与压力异常，机组机械停机。

（5）隔离、拆解主轴密封进水减压阀，清理损坏的压紧弹簧，对内部进行清扫，更换新的弹簧。

（6）调整主轴密封进水减压阀，控制减压阀后压力保持在正常范围（约 1.4MPa），主轴密封压差及流量均恢复正常。

（7）启动机组空载运行，观察主轴密封流量及压差正常。

二、事件原因

（1）直接原因：主轴密封减压阀压紧弹簧断裂后减压阀阀板关闭，过流量减小。

（2）间接原因：机组工况转换过程中主轴密封供水压力波动，加剧主轴密封减压阀弹簧断裂。

三、暴露问题

（1）设备设计不合格。减压阀长期运行，弹簧易发生金属疲劳，厂家应在设计上选用合适材质性能的弹簧，或在说明书中对主轴密封进水减压阀的维护做特殊说明和要求。

（a）

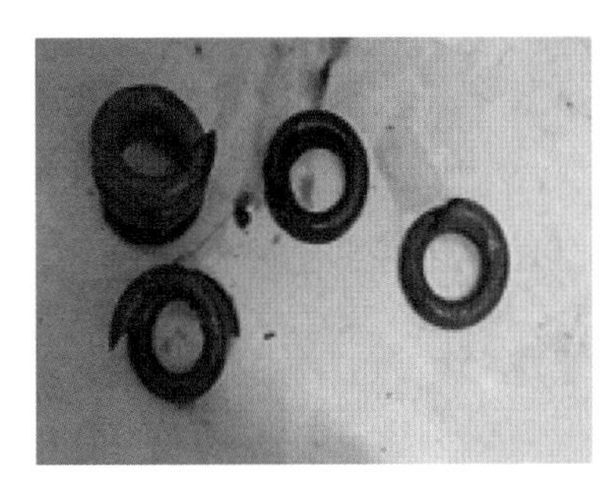

（b）

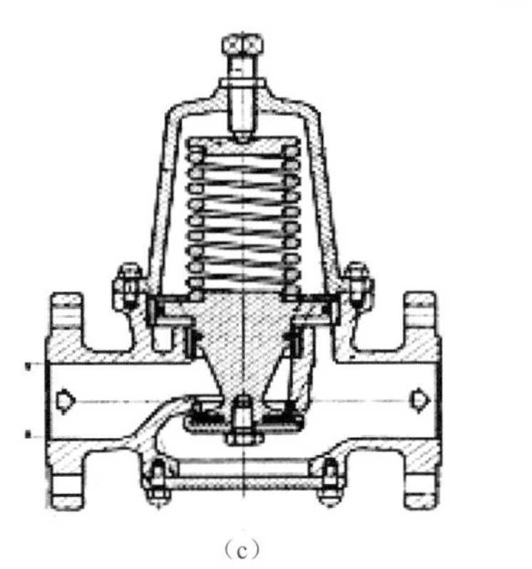

（c）

图 3-23-1　减压阀及断裂的弹簧

（a）减压阀外观；（b）断裂的弹簧；（c）减压阀剖面图

（2）设备运维管理不到位。主轴密封管路及阀门的检查虽已纳入 C 级检修标准项目，但未对减压阀进行解体检查，未能及时发现减压阀压紧弹簧疲劳受损情况。

（3）值守人员对报警处置不警惕。主轴密封压差低报警时，未及时分析查找报警发生的原因，采取进一步的措施，导致机械停机发生。

四、防止对策

（1）对其他机组主轴密封进水减压阀进行解体检查，发现异常及时处理。

（2）加强主轴密封进水减压阀维护力度，将减压阀解体检查纳入机组检修标准项目管理，结合检查情况定期更换。

（3）加强运行数据分析，设备主人每月对设备典型特征运行数据进行深入的对比分析，通过微小的运行数据变化，分析设备劣化情况，并采取相应的措施。

（4）对主轴密封供水减压方式改进。

（5）加强值守人员培训，发现报警应及时分析查找原因，避免事件扩大。

五、案例点评

减压阀弹簧断裂的提前预知在实际运行中一般难以通过数据分析来判断，该案例本质上属于减压阀质量不良导致的异常，设计及系统供货单位应关注主轴密封等重要水回路上的减压阀的选型，运维单位对易受疲劳破坏的设备应采取有效措施预防失效，列入检修项目定期检查更换。同时，值守人员对监控报警应高度重视，及时分析检查原因，避免事故扩大。

案例 3-24

某抽水蓄能电站1号机组发电负荷上升过程中水轮机顶盖连接螺栓断裂造成水淹厂房

一、事件经过及处置

某抽水蓄能电站安装2台60MW立轴可逆式机组，上游引水系统、下游尾水系统均为一管双机布置，每台机组各安装一台进水球阀，每台机组尾水侧安装尾水闸门，尾水洞安装下库检修闸门。

2016年9月7日18时22分21秒，1号机组发电并网（中控室值班人员设定机组负荷60MW）。18时22分59秒，2号机组发电启动；23分35秒，机组球阀开始开启。18时24分03秒，1号机组在升负荷过程中，出现励磁故障电气事件停机信号，机组灭磁断路器分闸，约600ms后（18时24分04秒），收到机组出口断路器分闸信号，同时机组执行电气故障停机流程，机组甩负荷（56.3MW）。

18时24分12秒，中控室值班人员发现母线层冒水，判断发生跑水并立即按下2号机组紧急停机按钮。18时24分13秒，监控系统出现水淹厂房报警信号。18 时 26 分 21 秒，全厂监控系统信号消失，18 时 27 分左右，1、2 号主变压器跳闸，备用变压器跳闸，全厂失电。18 时 27 分 50 秒，水淹没至母线层。

18 时 28 分，启动水淹厂房应急预案，对现场人员进行清点，确认无人员伤亡，封闭交通洞口，禁止人员进入。同时，值班主任安排 2 人切断厂房内断路器并倒换上、下库及厂前区至备用电源供电，安排 4 人赴上、下水库落闸门。18 时 43 分，上、下库供电恢复，现地操作落上、下库闸门，18 时 59 分，下库检修闸门（卷扬式闸门，全程下落时间 18min）全关，19 时 19 分，上库事故闸门（卷扬式闸门，全程下落时间 21min）全关。19 时 30 分，厂房水位下降（自流排水），安质部主任和值班主任带人进入地下厂房，发现水位已下降至母线层顶部，水位最高印迹距发电机层地面高度约 1.6m。20 时 40 分，厂房水位下降至水轮机层；23 时 57 分，运维负责人将现场情况汇报省调。9 月 8 日 18 时 00 分，2 号机组球阀手动关闭；19 时 00 分，厂房地面积水全部排空。

事故造成 1 号机组水轮机 50 颗顶盖螺栓中 49 颗断裂（如图 3-24-1 所示）和 1 颗螺母脱开，接力器活塞杆断裂（如图 3-24-2 所示），水导瓦损坏（如图 3-24-3 所示），主轴密封环损坏（如图 3-24-4 所示）；发电电动机部分定子线棒受损，转子磁极铁芯表面有擦痕、部分磁极绕组顶部有擦伤，上导轴承损坏；下导瓦损伤；发电机层以下设备（包括 3 台厂用干式变压器）及盘柜过水。

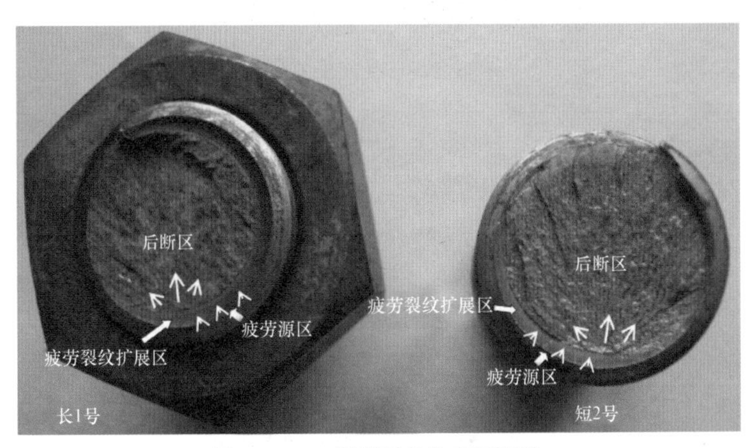

图 3-24-1　断裂螺栓的宏观形貌

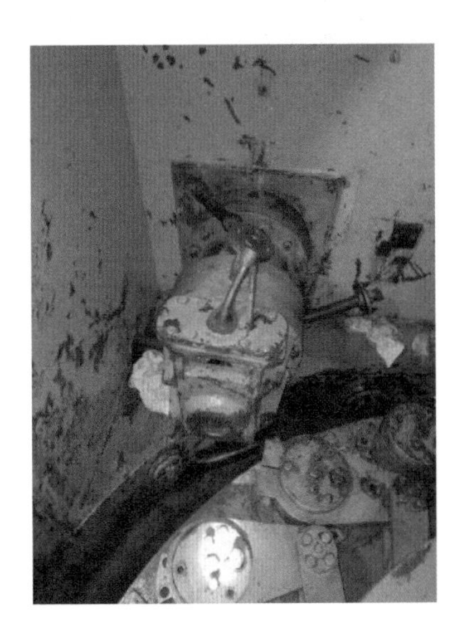

图 3-24-2　接力器活塞杆断裂

图 3-24-3　水导瓦损伤

图 3-24-4　主轴密封损坏

二、事件原因

直接原因：水轮机顶盖连接螺栓断裂，压力水从顶盖涌出是造成本次水淹厂房事件的直接原因。

间接原因：顶盖螺栓设计安全裕度不足，致使螺栓预紧力设置偏小，在机组运行过程中逐渐产生松动，长期积累后产生疲劳裂纹，部分螺栓存在加工工艺缺陷产生应力集中是造成螺栓断裂。

三、暴露问题

（1）水轮机设备制造厂对顶盖螺栓的重要性认识不足，顶盖螺栓设计安全裕度不足。《混流式水泵水轮机基本技术条件》（GB/T 22581—2008）关于顶盖螺栓设计荷载要求明确后未对顶盖螺栓设计安全裕度进行复核，且螺栓伸长量复核过程中未发现安全裕度不足的隐患。

（2）电站隐患排查治理不彻底，在多次顶盖漏水缺陷处理过程中未能及时排查出螺栓安全裕度不满足现行标准的隐患。

（3）电站对水淹厂房保护重要性认识不足，未及时治理水淹厂房保护逻辑不满足反事故措施要求的隐患。

四、防止对策

（1）设备制造厂按照复核结果和现行标准要求，充分考虑机组甩负荷等极端工况及螺栓在机组长期运行中产生疲劳所带来的影响，重新设计和加工顶盖及顶盖螺栓，确保其具有足够的安全裕度，有预紧力要求的螺栓，其预紧力不应小于在各工况下螺栓最大工作荷载的2倍。

（2）设备制造厂在相关图纸和文件中明确顶盖连接螺栓等重要部位连接螺栓的安装和检修维护技术标准和要求。机组安装调试阶段过程中，严格按照设备厂家提供的技术标准和要求进行施工和质量验收，对关键步骤应监督到位。

（3）电站按照设备厂家提供的图纸和维护手册在现场运维规

程中明确顶盖等重要承压部位连接螺栓的日常维护的周期和标准，明确检修和检验要求。编制完善的顶盖等重要部位连接螺栓的检修作业指导书，并加强过程管控，确保检修工艺和质量。球阀连接螺栓、主轴连接螺栓、顶盖与座环把合螺栓等重要部位螺栓应进行强度、应力及疲劳计算分析，合理确定螺栓使用更换周期。

（4）优化电站安全逃生设计，对应急电源、事故照明、逃生通道、视频监控等系统的现场有效性进行校核和提升，确保水淹厂房时人员具有逃生时间和路线。

五、案例点评

水淹厂房事故是水电厂面临的重大安全事故，其破坏性是极大的。而抽水蓄能电站厂房均建于地下，水力过流部件承受着巨大的压力，水淹厂房的风险高，因此控风险、除隐患要从源头管控入手。

首先必须强化招标设计审核，对涉及工程本质安全和电站运行安全的工程布置、结构型式、设备材料选择等进行重点审查，提高防水淹厂房的设计标准及技术措施并在新建电站招标设计阶段落实；其次，对更换的重要部位螺栓进行材质试验和强度复核，加强技术监督，要对日常维护检修工作提出明确标准，同时全面开展过渡过程复核，确保具有足够的安全裕度；再者不断完善水淹厂房保护动作逻辑，定期开展试验及演练，最大可能减少水淹厂房带来的影响。

案例 3-25

某抽水蓄能电站 3 号机组发电运行过程中下导瓦温高报警导致机组被迫停运

一、事件经过及处置

2018 年 1 月 13 日，某抽水蓄能电站 2 号机组在发电工况运行中下导瓦温异常升高，最高达到 95℃。下导瓦温报警值为 75℃，跳闸值为 92℃，正常情况下在 75℃以下运行。

此时下导 X 摆度为 75μm，较之前正常运行时 130μm 偏低，下导 Y 摆度为 73μm，与之前运行时无明显变化。上导 X 摆度为 524μm，较之前正常运行时 335μm 偏高。水导 X 摆度为 182μm，较之前正常运行时 158μm 基本在同一水平。

立即进行停机处理，停机前油泵出口压力为 0.65MPa，油流量为 2400L/min，冷却水流量 108m^3/h，下导推力冷却器进口油温 45℃，冷却器出口油温 23℃。冷却水为冬季运行方式。

对 2 号机组下导油盆内进行检查，未发现明显异物，瓦面检查未见明显异物，排除异物导致的瓦温异常上升。对下导瓦间隙调整楔子板固定螺母检查未见松动，下导瓦套管未见松动，下导瓦间隙与A级检修时分配间隙一致。

检查下导瓦进出油边（如图3-25-1所示），发现瓦面与轴瓴接触处倒角较经验值偏小，重新返修的导瓦进出油边倒角约10°，经验值约20°，对瓦面的进油不利。

图3-25-1　2号机组下导瓦进油边

经过综合分析，下导瓦温升高的主要原因为下导瓦间隙在A级检修后偏小，进出油边倒角较经验值偏小，油膜建立不良。而冷却器出口油温较上年同期运行温度下降3～4℃，润滑油黏度增加，造成油膜建立不良问题进一步加剧，冷却润滑效果不佳，导致下导瓦温异常升高。鉴于对下导瓦进出油边倒角偏小处理工期长，处理效果不可预测，电厂采取调整下导瓦间隙的方式进行处理：

（1）依据瓦间隙分配及调整经验，对瓦温较高的下导瓦间隙增大0.10mm，其他瓦间隙增大趋势依次递减，保证下导轴承圆度。

（2）为提高下导冷却器出口油温，将下导水流量由 $110m^3/h$ 调整至 $90m^3/h$。

调整后，2 号机组发电开机运行，下导瓦温未见异常升高，运行 1h 后下导瓦温最高为 64℃，各部瓦温无明显上升，瓦温均匀，机组摆渡正常。

二、事件原因

直接原因：下导瓦间隙偏小、进出油边倒角偏小，造成油膜建立不良。

间接原因：油温低引起润滑油黏度高，冷却效果差。

三、暴露问题

（1）依据《水轮发电机运行规程》（DL/T 751—2014），下导瓦修后间隙偏小，进出油边倒角偏小，冬季温度低时，油膜建立不良，使瓦温最高达到 95℃，不符合“导轴承巴氏合金瓦不宜超过 75℃”的要求。

（2）设备运维不到位。运维人员未及时发现瓦温升高趋势并查找原因，导致瓦温升高到跳闸值。

四、防止对策

（1）机组大修后，重点关注各部瓦温、油温、摆度情况，进行瓦温考验，如有异常及时处理。在必要时利用机组定检及检修时机，提前进行瓦间隙的预防性调整，结合机组轴线处理对导瓦进行刮削，提高导瓦润滑效果，避免类似情况再次发生。在冬季加强对机组瓦温、摆度数据分析，对瓦间隙及冷却系统进行综合分析，合理确定冷却系统运行方式。

（2）加强运维技能培训，发现异常报警及时查找原因并采取措施，降低影响。

五、案例点评

本案例属于检修质量不良，在机组检修中应加强轴系瓦间隙等关键数据的验收，特别是调整瓦间隙和轴线后，开机试验时应做好瓦温考验试验，如有异常应及时处理。在不同季节水温差别较大的电站，应做好各部油温、瓦温的分析，如有必要需调整冷却器运行方式，设备管理者应通过设备健康状态分析及时发现问题，并通过对应的有效手段进行规避。本案例通过调整下导瓦间隙及冷却水运行方式等手段，改善导瓦油膜建立效果，也为类似问题的处理提供了借鉴。

第四章 人身安全及误操作

案例 4-1

某抽水蓄能电站安装调试期调试人员在机组模拟自动准同期试验过程中因误短接端子导致断路器跳闸

一、事件经过及处置

2006 年 9 月 29 日 20 时 56 分，某抽水蓄能电站 3 号主变压器 24h 试运行结束后，做 3 号机组模拟自动准同期试验时，监控上位机出现如下报警信号：3 号主变压器温度跳闸；3 号主变压器保护 B 组油温高动作；线路断路器分闸（线路断路器同时也是 3 号主变压器高压侧断路器）。

线路断路器跳闸后，立即汇报调度；同时汇报生产领导，通知工程安装单位试验总指挥停止一切工作。经监控上位机、现场检查确认 3 号主变压器温度正常。21 时 10 分，工程安装单位试验总指挥汇报：现场调试人员在做 3 号机组模拟自动准同期试验时，需短接 3 号机组换相隔离开关（发电侧）合闸位置端子（3 号主变压器 B 组保护盘 03U+JB02 X0001：135/156 端子），误短接了3号主变压器油温高跳闸端子（3号主变压器B组保护盘03U+JB02柜X0001：135/145端子），导致线断路器跳闸，误短接端子情况。查明原因后，汇报调度现场所有措施恢复，具备恢复运行条件。21时55分，线路断路器合闸。

二、事件原因

直接原因：调试人员做3号机组模拟自动准同期的试验措施时，误短接端子造成了本次线路断路器跳闸。

三、暴露问题

（1）调试人员未执行二次安全措施票。

（2）调试人员工作前危险点预控措施不完善，现场监护工作不到位。

（3）调试人员安全意识薄弱，现场施工制度执行不严，调试工作接线时没有严格执行“三核对”：核对设备名称、编号、位置。

（4）调试人员执行电力安全工作规程不严和调试负责人监护不到位。

四、防止对策

（1）所有调试人员应严格执行“两票三制”（工作票、操作票、交接班制度、巡回检查制度、设备定期试验轮换制度），完善安全措施和设备恢复措施；严格执行工作监护人制度，试验之前应做好有关危险点预控措施。

（2）严格要求各级作业人员按图纸施工，并及时复核。

（3）加强对现场调试人员的安全教育培训工作，提高安全意识。

（4）建设单位加强对调试单位所做的隔离措施和恢复措施进行监督检查，制定防范措施，防止类似事故的发生。

（5）监理单位加强对调试单位的现场作业管理。

五、案例点评

随着科技进步发展，保护装置集成化、小型化程度越来越高。同屏端子接线更为复杂，加之作业空间受限，如何保证同屏作业不误拆、误接、误碰线，严格实施有效的隔离措施、警示措施和二次作业安全措施票就显得尤为重要，工作前核对图纸，工作中逐项执行是关键。机组调试工作是一项复杂、细致、风险度极高的工作，每个单位都很重视，但必须将思想上的重视转化为行动上的具体做法，才能保证安全完成工作任务。

案例 4-2

某抽水蓄能电站生产运行期作业人员在检修作业过程中误开带压储气罐进人孔门导致人身死亡

一、事件经过及处置

2010 年 5 月 16 日 13 点 20 分左右，某抽水蓄能电站 2 号机组检修作业过程中，外包作业人员工作负责人蒋某在该电站 2 号机组水车室门口，安排工作班成员郑某、周某两人进行 2 号机组储气罐检修工作，之后离开。

郑某、周某准备工作就绪后，将移动式操作平台移至气罐进人孔旁后，开始进行 2 号机组储气罐进人孔盖板螺栓拆除工作，其他工作班成员胡某予以帮忙，当盖板上只剩下 5 ~ 6 颗螺栓时，发现电动扳手无法松动。

蒋某回来得知情况后即去检查气罐底部排气阀是否打开，就在此时，剩余气罐进人孔门盖板紧固螺栓发生断裂。事故导致胡某、郑某两人当场死亡，蒋某、周某轻伤，并造成 2 号机组储气罐倾斜移位，部分管路、盘柜、电缆桥架变形或局部损坏。

二、事件原因

直接原因：工作班成员郑某在开始工作前，未按工作负责人的交待先检查2号机组储气罐压力为零，误拆卸带压储气罐进人孔盖板螺栓。

三、暴露问题

（1）工作班工作负责人蒋某在未认真核对安全措施的情况下，安排人员进行2号机组储气罐检修。外包作业人员擅自增加工作内容、扩大工作范围。安全技术交底不到位，外包作业人员对检修工作内容不清楚，现场无人监管。

（2）对《国家电网公司电力安全工作规程》（简称《安规》）执行不严，现场存在违章。作业人员违反《安规》（动力部分）中6.4.1“设备检修前，应放尽系统内的油、水、气等介质，确认已泄压和温度负荷工作条件后，方可开始工作”及5.4.2“工作许可人在完成作业现场的安全措施后，持票会同工作负责人到现场再次检查所做的安全措施，对补充的安全措施进行说明，对具体的设备指明实际的隔离措施，确认检修设备无电压、已泄压、降温、无转动，且没有油、水、气等介质流入的危险”的要求。工作负责人未亲自到现场检查安全隔离措施，未确认储气罐是否已泄压，作业过程中遇到问题，工作班成员未告知工作负责人并仔细分析原因，冒险作业。

（3）非本工作班成员，擅自参与工作。胡某非本工作面成员，未经工作负责人安排，直接参与并错误指导 2 号机组储气罐进人孔盖板螺栓的拆卸工作。

四、防止对策

（1）认真吸取事故教训。认真学习，深刻反思，对照查找安全管理薄弱环节，主动发现问题，及时解决问题，降低安全风险，防止安全事故的发生。

（2）加强外包工程施工安全管理。开展外包工程施工安全管理专项检查，严格施工项目经理、安全员等安全资质和作业人员的安全技术能力审核和审查，加强对外包单位作业人员的安全教育和考试。强化外包工程项目安全监护工作要求，加强外包施工作业现场的安全监督与检查考核。

（3）强化安全生产责任制落实。严格落实各级管理人员的安全责任，强化现场反违章管理。

（4）切实加强对现场违章查处力度。开展“两票”执行情况等专项督查，加强现场作业工作组织，加强危险点分析，认真开展安全交底，严格落实“三种人”和工作成员安全职责，从严考核“两票”执行不规范、管理工作不落实等违章行为，严禁擅自增加工作内容和扩大工作范围。切实加强现场安全管控，确保人员到位、责任到位、措施到位。

五、案例点评

本案例中描绘的画面“触目惊心”，就因为工作前没有再次确认安全措施，造成平时一起工作的同事“阴阳两隔”，实在是惋惜！是我们的工作能力不够吗？是我们的管理流程有问题吗？归根结底，是我们责任心不强、麻痹大意，安全技术交底流于形式，没有真正做到人尽其责。思想“松一松”，事故“攻一攻”。所以，外包施工作业的安全管理各级人员责任要落实到位，务必严格按照作业程序把工作做实了，这样，才能避免不必要的事故发生。另外，从技防角度考虑为储气罐人孔盖设置闭锁或联动装置，向本质安全更加迈进一步。

案例 4-3

某抽水蓄能电站运维人员在1号机组转检修操作过程中因走错间隔误拉隔离开关被柜门碰伤

一、事件经过及处置

2015 年 6 月 24 日 09 时 13 分，某抽水蓄能电站由监护人员、操作人员执行 1 号机组转检修隔离操作。09 时 27 分，当执行到操作票第 19 项“拉开 1 号机励磁变压器高压侧隔离开关 =1GLC12”时，操作人发现未随身携带操作所需拉杆，监护人和操作人一同前去拿操作拉杆。两人返回操作地点后误入相邻的“厂供 1 隔离开关 =1GCG12”间隔，两人未再次对设备名称、编号进行复核便开始操作。09 时 29 分，操作人将“厂供 1 隔离开关 =1GCG12”带负荷拉开，冲击弹开的隔离开关柜前柜门碰撞到监护人（后经当地医院检查为普通碰撞挫伤，无大碍）。

事件发生后，运维人员向调度汇报事件情况，并申请相关隔离措施，检查发现 1 号主变压器低压侧厂供 1 开关柜间隔内厂供

1 高压侧隔离开关 =1GCG12 动触头有明显灼伤痕迹。

二、事件原因

直接原因：作业人员误入带电间隔，导致带负荷拉隔离开关。

三、暴露问题

（1）防误操作闭锁装置不完善。倒闸操作人员在未使用解锁钥匙的情况下，能够将 10kV“五防”电磁锁手动拉开。

（2）电磁锁未正常工作，电磁锁回路不通时动铁芯靠内部弹簧弹起将锁栓挡块卡牢，但锁栓挡块为塑料结构，若发生动铁芯弹起不到位，同时用较大力气拉锁栓时锁栓挡块可能失效，造成强制解锁。

（3）监护人、操作人未遵守《国家电网公司电力安全工作规程》（变电部分）（简称《安规》）中倒闸操作的基本要求，操作前未认真核对设备名称、编号，工作准备不充分。

四、防止对策

（1）狠抓《安规》培训及执行。深刻吸取事件教训，加深运维人员对《安规》重要性的认识，加强运维人员《安规》培训，定期开展考试、竞赛，提高运维人员基本的安全技能，大力开展作业现场反违章，确保《安规》执行到位。

（2）加强防误操作闭锁装置的日常维护管理，同时在全厂范围内开展全面排查，对存在设计缺陷的同类型的电磁锁尽快进行更换，短时间不能更换的纳入隐患管理，制定控制措施和应急预案。

（3）加强运维人员运行操作技能的培训，规范操作流程，对重要的倒闸操作要进一步加强现场监护管理；加强运维人员上岗前的技能考核，考核不合格人员严禁上岗。

五、案例点评

电力安全规程中常常提到的“防止走错间隔”“杜绝误操作”等话语，相信电力作业人员早已耳熟能详，每每觉得这样的事故离自己很远时，现实就在身边发生了。很难评价本案例中运行人员对安全工作规程的掌握情况，如果说其“对安全工作规程置若罔闻”，却知道对照工作票核对安全措施，但若按操作票操作，又怎么会拉错开关设备呢？归根结底，是只知道有规定要求，但是否执行、如何执行却是要“看心情”了，这样的工作态度迟早是要付出代价的！另外，防误闭锁装置在最该起作用的时候失效了，安全工作的漏洞早已埋下隐患的“种子”！

厂供1隔离开关=GLC12
厂供1隔离开关=1GCG12
我们好像没有拿拉杆！
我们回去拿吧。
厂供1隔离开关=GLC12
是这里没错吧？
厂供1隔离开关=1GCG12
应该是的，没错……
拉隔离开关
你没事吧？
嘭
啊…,好疼！

案例 4-4

某抽水蓄能电站基建期施工单位在地下厂房主变压器洞 I 层中导洞掘进工作过程中发生冒顶事故造成人员死亡

一、事件经过及处置

2016 年 2 月 26 日 07 时 30 分，在某抽水蓄能电站主变压器洞中导洞桩号 K0+80 至 K0+8（3）7 实施爆破后的出渣排险工作时，施工单位分包作业人员发现掌子面顶拱有浮石需要排险处理，经现场钻爆作业负责人现场确认不需排险，通知施工单位测量队测量放线。11 时 40 分，分包作业人员到掌子面进行钻孔作业，发现掌子面拱顶有浮块、碎渣掉落，5 名分包作业人员登上钻爆平台进行排险并准备钻孔。15 时 15 分，靠近导洞右侧的顶拱岩石突然发生冒落，将钻爆平台砸垮，一人跳下钻爆平台，4 人被埋压，事故后现场照片如图 4-4-1 所示。

事件发生后，现场负责人立即报告该施工单位，同时拨打 120 救援，并开展现场抢救工作。15 时 20 分，施工单位领导以及有关人员赶赴现场组织抢险救援，启动人身伤亡事故应急预案，同时向建设单位和地方安监局报告事故情况。15 时 30 分，建设单位有关领导前往事故现场协调指挥救援工作，并向行业监管机构以及属地监督机构报告事故情况。16 时 30 分，排险救援工作结束，4 名作业人员中 2 人死亡，2 人送医途中死亡。

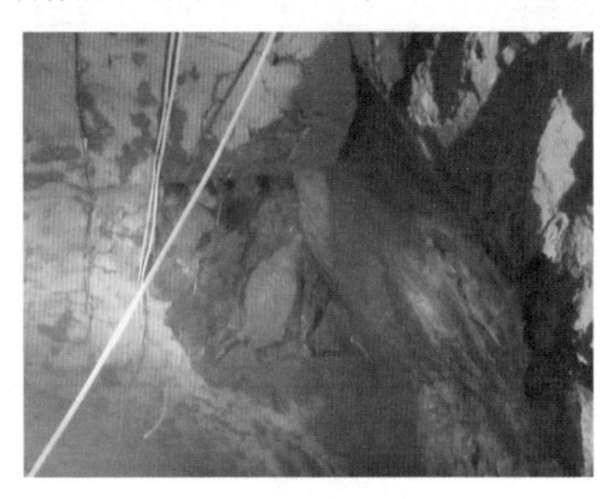

图 4-4-1 事故后现场照片

二、事件原因

直接原因：主变压器洞中导洞 K0+80 至 K0+8（3）7 处地质条件复杂，岩体裂隙发育、破碎，作业人员在排险不彻底且未进行随机支护的情况下冒险作业，被冒落岩体砸伤致死。

三、暴露问题

（1）分包单位现场作业人员安全意识淡薄，对地质条件的复杂性认识不足，未充分认识作业部位存在的危险及有害因素，对主变压器洞中导洞近期出现浮石、裂隙发育现状重视程度不够，盲目施工、野蛮作业。

（2）施工单位未针对不良地质段及时调整施工方案，施工过程中，未根据掌子面裸露围岩情况采取随机支护措施，未告知现场作业人员作业部位存在的危险及有害因素；施工单位现场安全管控能力不强，对主变压器洞塌方桩号地质条件的复杂性认识不足，对设计地质预报成果的理解不清晰，导致对岩石隐蔽裂隙隐患风险预估不足。未对开挖掌子面的地质状况进行准确判断。

（3）监理单位现场标段工程师旁站监督不到位，未履行安全职责，未严格审查施工承包单位分包计划，对工程分包失察；对施工现场技术管理不到位，缺乏有经验的地质工程师，在地质复杂情况下未要求施工单位及时调整施工方案。对施工安全技术交底和作业人员进场安全教育情况检查不认真。

四、防止对策

（1）进一步加强各级人员的安全教育培训工作，提高各级人员安全意识和安全素质，建立“三层级、四环节”（项目部级、区片级、架子队级，制度讲座、警示教育、模拟体验、考核评价）标准化安全教育培训机制，在常规“说教式”培训及考试合格上岗的基础上，建立 VR 智能体验馆、安全体验馆，增加警示教育和体验式培训环节，制定安全文化宣教室的标准，分层级对现场作业人员实施作业危险及风险因素告知、安全考评，同时实行违章班组再教育、隐患停工整改管理。邀请地方安全生产培训中心开展集中培训取证，提高安全专兼职安全员履职能力。

（2）全面加强对不良地质条件的认识和重视程度，执行“两超前一转序”工作机制。超前支护，“一炮一设计、一炮一检查、一炮一总结”；超前地探，地下洞室采用地质雷达对洞室前方不良地质体进行预报预测，每25m测量一次，出具地质超前地质预报报告，加强区域地质构造正确研判，及时对开挖段进行地质素描，同时做好永久及临时安全监测观测；制定《洞室和边坡开挖施工作业工序转接管理实施方案》，成立联合地质工作组，明确爆破开挖14个工序转序责任，每道工序施工条件未经确认不得进行下一步工序，严格加强施工工序管控。

（3）进一步加强施工监理工作，严格要求监理单位按照施工监理投标文件规定和工程建设实际，足额配合现场监理标段工程师和专职安全管理人员，加强监理人员职业素养教育，提高责任心，认真履行职责，确保施工现场安全可控。

（4）全面加强方案论证和现场紧急处置管理。强化洞室开挖风险管控，对原设计方案和施工技术方案进行再论证，加强相邻施工作业面施工干扰管控；完善紧急处置机制，为避免地质灾害进行的紧急处置可先实施后审批，确保人身和设备安全。

（5）全面推行网格式一体化管控模式及“区片制”和“架子队”管控手段，一是强化区片主体责任，完善立查立改工作机制，通过区片日碰头会、整改单及时反馈检查结果，督促施工单位消除违章，加强作业现场管控。二是建立“日管控、夜巡查”机制，及时协调解决现场存在的问题，通过管理创新手段落实管理责任，强化资源配置，有效管控分包风险。三是强化施工单位架子队主动作为，完善施工单位自我检查约束机制，督促架子队队长、安全员、质检员、技术员和施工员落实责任。四是强化违章再教育机制，解决安全责任主体意识不强、分包作业现场管控不严和履职不到位等突出问题。

五、案例点评

电力工程建设特别是土建施工过程中，施工工艺水平低下、作业人员安全意识不高、关键人员责任心和能力不足等问题，长期困扰着工程的安全建设。从长远来看，要推行科技强安，加强新技术、新设备的应用，减少人工作业，提高机械化水平，自动化换人、机械化减人，从本质上提高安全生产水平。现阶段，要坚持铁腕治安，强化各级人员安全教育培训和安全技术交底，建立风险管控和隐患治理双重体系，加大安全设施标准化建设力度，为作业人员提供安全的环境，贯彻“以人为本”的安全管理理念。

案例 4-5

某抽水蓄能电站基建期施工单位分包作业人员在上水库大坝趾板施工过程中因左坝肩岩体滑塌导致人员被埋死亡

一、事件经过及处置

2016 年 6 月 20 日 13 时，某抽水蓄能电站进行大坝趾板锚筋施工作业；14 时 05 分，上水库左坝肩趾板上部边坡两组不利结构面切割形成的楔形岩体突然发生滑塌，塌方量约 $60m^3$，造成下部进行大坝趾板锚筋施工作业的 3 人被埋，1 人轻伤；滑塌体下滑造成该部位脚手架倒塌，致使正在检查脚手架连墙件的 2 人受轻伤。

15 时 16 分，建设单位接到施工单位报告，立即启动了人身伤亡事故应急处理程序，成立处置专业小组。并同时向上级单位、当地安监局、行业监管机构报告有关事故情况，建设单位有关领导 16 时 15 分陆续到达事故现场指导现场应急救援工作。应急抢险队伍 16 时 30 分到达事故现场，协助开展事故救援。由于现场作业条件受限，无法采用机械设备进行清理抢救，采取人工清理方式全力进行抢救。17 时 16 分，完成现场塌方部位的清理抢救，共清理出被埋人员 3 名，经医护人员确认无生命体征。

二、事件原因

直接原因：因连续降雨导致大量雨水持续渗入岩体裂隙，致使岩体之间摩擦阻力降低，岩体应力失去平衡而滑塌。

三、暴露问题

（1）建设单位对连续强降雨可能导致的地质灾害敏感性不强、预判水平低、重视程度不够，对地质隐患评估和发现的技术力量弱、水平差。

（2）建设单位对上半年基建安全性评价和质量监督总站巡视发现和提出的问题重视程度不够，跟踪、督促不到位，未能全面按要求进行整改落实，存在薄弱环节。

（3）施工单位未能严格按审批的施工技术方案和安全技术方案中有关边坡施工“开挖一级、支护一级和支护完上一层再进行下一层开挖”的要求；未按审批的施工技术方案进行施工，设计坡比为 1:0.5～1:0.75，实际开挖坡比为 1:0.35～1:0.43，擅自调整坡比导致开挖后坝坡更加陡峭。

（4）施工单位未能认真落实有关分包管理相关要求，发生事故的分包队伍自 4 月 20 日进场至发生事故时其分包计划一直未申报和审批，分包管理和人员信息动态管理存在漏洞。

四、防止对策

（1）提高对恶劣天气状况下户外施工作业的认识，时刻关注天气状况，及时发布预警，强化地质灾害隐患排查工作，定期组织开展全工地隐患排查，加强施工期永久临时监测，恶劣天气状况，加强巡查巡视。针对山区施工及汛期等特殊时段的特点，密切关注、监测雨情等天气变化以及施工现场地质变化，合理制定和实施施工方案，遇极端天气必须停工，确保安全。

（2）进一步提高全员安全意识，完善安全责任体系，修订完善《安全生产职责规范》；举一反三，全面梳理安全管理问题。针对历次检查问题，强化跟踪检查闭环整改，建立了现场问题督办单制度，督办单一式两份，将具体督办内容及要求签署后，对督办单建立台账，承办人按照督办要求完成工作后回复闭合。对不能立即整改的问题，增加隔离措施。

（3）重新论证边坡设计方案及施工方案，设计单位对存在地质灾害隐患的边坡原设计方案及现状边坡进行稳定复核。施工单位重新编制上水库趾板边坡开挖支护施工方案，按照先处理危岩体再进行系统支护，自上而下，逐层支护的原则，严格规范脚手架、爆破等作业程序。监理单位要切实履行监督职责，严格按照有关法律法规督促施工单位做好安全生产工作。

（4）进一步加强边坡及洞室围岩的变形观测，对工地所有安全监测点及仪器埋设情况进行排查梳理。要求承包商调整施工期临时观测，增加临时位移安全监测点及裂缝监测点数量，调整监测频次，高边坡每次大爆破滞后均要进行观测。完善地质预报成果的应用。预报结论中有不良地质段时，及时下达地质超前预报预警函。

（5）进一步强化分包管理，一是加强现场人员信息审查，建立人员花名册，强化现场作业人员动态管控；二是强化分包计划审查，杜绝未批计划直接上岗的情况再次发生。

五、案例点评

对于某些不可控因素导致的事故，我们应该透过“天灾”看“人祸”，将“不可控”转化为“可控”，将预防事故的端口前移。在本案例中施工方未能充分认识到汛期恶劣天气可能导致的地质灾害后果，未能正确处理好安全、质量、进度的关系，存有侥幸的心理，地质灾害隐患排查治理就是要前移的端口，刻不容缓。同时，建设、施工、监理单位各方应压实责任，对于施工方案和安全技术方案的执行要不折不扣，建立监督有效、措施得力的安全工作模式。

救救我！
啊！快跑啊！有塌方！

案例 4-6

某抽水蓄能电站基建分包人员在综合加工厂基础浇筑作业过程中挡墙坍塌导致高处坠落死亡

一、事故经过及处置

2016 年 12 月 4 日 14 时 00 分左右，某抽水蓄能电站附属工程综合加工厂钢构大棚开展浇筑底柱基础作业现场，沿河侧挡墙突然倒塌（挡墙长约 80m、高 7.2m），2 名现场作业人员随即跌落。导致 1 名现场作业人员被坍塌的石块压住。事故发生后，现场立刻启动应急救援程序，开展现场救援，并逐级向上级汇报，迅速将跌落人员送至医院，被坍塌石块压住人员由于伤势过重于事发当天抢救无效死亡，另外一名跌落人员受轻伤。

二、事件原因

直接原因：施工单位综合加工厂外河河堤挡墙未能充分考虑地质条件，浇筑钢构大棚底柱基础时产生的强大震动。

三、暴露问题

（1）建设单位管理不到位，对施工单位自主设计、建设的临建工程重视不足，导致未能及时发现施工单位沿河侧挡墙临建工程设计和施工存在安全质量问题。

（2）建设单位对分包管理认识不够，未严格落实“同进同出”“到岗到位”的要求，导致施工单位存在“以包代管”的现象。

（3）监理单位监督要求不严，未对施工单位临建设施施工方案严格把关，未加强对临建设施现场施工质量的管控，对于现场发现的隐患、质量问题重视程度不够，未能及时组织整改和整治，导致临建设施“带病”期间仍然存在施工作业，隐患排查治理闭环不到位。

（4）施工单位安全管理不到位，对安全重视程度不够，未及时消除综合加工厂河堤挡墙技术不达标带来的生产安全隐患，施工单位专职安全管理人员在施工现场监督检查不力。

（5）施工单位技术力量薄弱，临建设施施工方案存在技术漏洞，同时“三检制”执行不到位，导致作业现场存在多项施工质量问题。施工单位未给员工做职业健康体检、未参加工伤社会保险。

（6）施工单位对分包人员教育培训不够，入场安全教育培训工作流于形式，现场作业人员的安全意识、操作水平和应急处置能力不能满足施工需要。

四、防止对策

（1）组织管理方面，严格落实参建各方责任，强化监理单位、施工单位技术管理体系的建立、完善和有效运行情况的监督检查，加强临建设施的设计审核、施工过程中安全质量管控；统筹抓好安全策划、实施、检查和考核，扎实抓好闭环管理。完善隐患排查常态化工作机制，严格按照“全覆盖、勤排查、快治理”的原则，强化基建安全隐患排查全过程闭环管理，做好全过程记录资料；常态化开展安全隐患排查治理工作，确保隐患排查治理完成率、及时率100%。

（2）技术措施方面，规范安全风险全过程管理，严格落实“到岗到位”、监理旁站管理要求，监督施工现场的风险作业各项预控措施落实到位；加强现场班前会及安全技术交底管理，推行安全技术交底情况视频录制模式，开展现场安全技术交底抽考。落实“五个必须”，施工作业前必须编制施工方案，施工方案必须按规定审批或论证，施工作业前必须进行安全技术交底，施工过程中必须按施工方案施工，必须经验收合格后方可进入下道工序。

（3）制度执行方面，需进一步加强对分包单位进场审批、过程管理及考核评价，严格落实“同进同出”要求，强化对现场作业层面的管控和指导，将安全通病和典型问题治理责任分解到岗到人，治理一项保持一项，不断完善基建安全反违章常态化管控机制。坚决杜绝施工单位“以包代管”现象发生。

五、案例点评

本案例反映出施工单位对现场情况不掌握，盲目追求工程进度，属于典型的冒进作业。工程参建各方应明确临建设施安全及技术管理的职责，落实临建设施从设计、施工、验收等各环节的监督管理责任，严格按照“全覆盖、勤排查、快治理”的原则，强化基建安全隐患排查全过程闭环管理，做好全过程记录资料；同时要强化分包管理，提升现场作业人员的安全技能及风险意识，严格落实“同进同出”常态化管理要求。

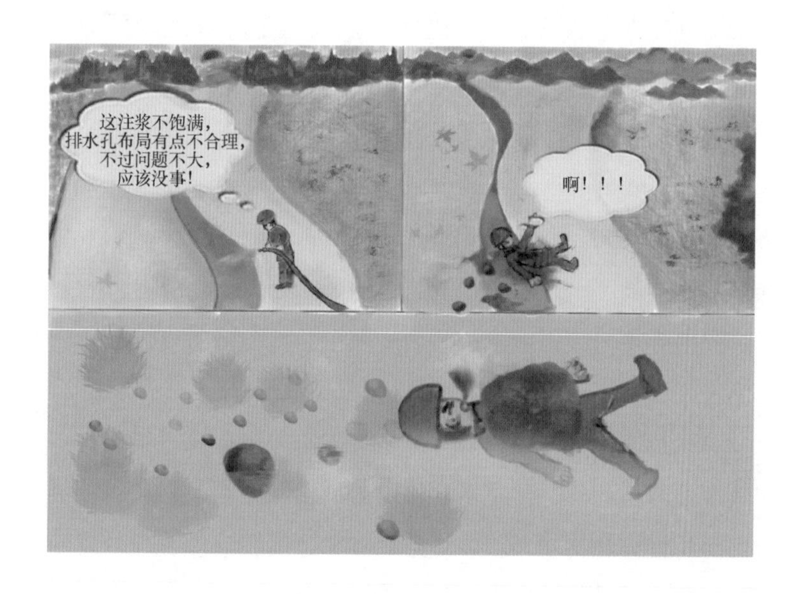

案例 4-7

某抽水蓄能电站基建期施工单位分包作业人员在下水库进出水口脚手架拆除作业过程中因违规作业导致脚手架坍塌人员被埋死亡

一、事件经过及处置

2015 年 4 月 4 日上午 07 时，某工程指挥所自聘人员带领分包作业人员在某抽水蓄能电站 1 号闸门井内脚手架上混凝土残渣等施工垃圾进行清理，同时对闸门井混凝土进行消缺。08 时 30 分至 09 时期间，5 人在井底上数的第三、四层脚手架处工作，还有 5 人在第五层及以上作业层面进行消缺、清扫等工作。第三层脚手架上有较多建筑垃圾，施工人员准备将建筑垃圾往上搬运至闸门井外部，为图方便，施工人员拆除了脚手架第三层斜梯杆件（包括 2 根斜杆、10 根左右踏步小横杆，该斜杆作为上下斜梯受力杆也能起一定的架体剪刀撑作用，剪刀撑是防止脚手架纵向变形，增加脚手架的整体刚度和稳定性），以便在竹排上锯洞，将建筑垃圾直接推至井底。现场安全员在发现该作业人员违规拆除脚手架斜梯杆件后，未采取任何补救措施，也未及时撤出人员。09 时 20 分左右，1 号闸门井底部脚手架发生坍塌，造成 10 名人员被困。

事故发生后，现场人员立即报告了该工程指挥所、监理部和建设单位，建设单位向当地人民政府报告。当地政府组织公安、消防、安监、卫生等部门组成临时救援指挥中心，组织专业救援队伍携带 3 套雷达和视频生命探测仪赶赴现场。当天上午，有 7 名被困人员陆续获救，其中从井口处救出 5 人，从闸门井底部救出 2 人，并立即被送往医院检查，另有 3 人被困。因井内环境复杂，有出现次生安全事故的风险，救援人员根据现场情况，经研究决定，由熟悉情况的工程指挥所派人深入井内开展救援工作。由于脚手架坍塌部位发生在闸门井的底部，3 名人员被困在脚手架下陷部位，中上部脚手架比较完好，现场搜救人员对中上部脚手架进行依次拆除、吊出，对下部坍塌、变形的脚手架进行破拆、隔断，拆除脚手架工作连夜进行。直到 4 月 5 日 16 时 20 分，另外 3 人被分别救出，经确认已遇难。

二、事件原因

直接原因：该工程指挥所施工人员违规拆除脚手架第三层斜梯杆件（受力杆），导致脚手架失稳；安全员发现施工人员的违规行为后，既未采取任何补救措施，也未及时撤出人员。

三、暴露问题

（1）该工程指挥所制订的脚手架专项方案存在较大安全隐患。

（2）该工程指挥所未履行劳务合同报审职责，与分包单位签订的1号闸门井劳务分包合同，未按要求报经监理部和建设单位审查批准。

（3）该工程指挥所对劳务分包队伍管理不到位。工程指挥所对自聘人员的三级安全教育培训不落实，员工未掌握必需的基本安全知识，存在违规操作现象；安全责任制未落实，未检查督促劳务分包单位落实安全责任；施工现场安全管理不到位，存在违规交叉作业现象，未能及时发现、消除安全隐患。

四、防止对策

（1）施工单位要按规范要求办理劳务分包合同的报审手续，在完善相关手续后，方可重新施工。要严格按标准要求制定各类施工方案，认真落实各项安全技术措施。积极开展事故隐患排查及整改工作，强化现场安全管理与技术交底，严肃查处各种违反劳动纪律的行为。加强对劳务分包队伍的管理，认真落实各项安全生产责任制，抓实抓好员工的安全教育培训，提高员工安全意识，确保施工安全。

（2）分包队伍要加强劳务分包队伍和劳务派遣人员的安全管理，规范劳务用工管理，严格做好劳务人员上岗前的三级安全教育培训工作，督促现场管理人员加强现场安全管理，确保施工人员规范操作。

（3）监理单位要加强对浙江仙居抽水蓄能电站下水库工程施工过程中的安全监管，严格按标准要求审查施工单位制订的施工方案，认真落实各项安全技术措施，监督施工单位规范施工、安全施工。

（4）建设单位进一步加强对施工单位的安全管理，强化开展安全生产检查，加强事故隐患排查整改，加强对工程分包情况的监督检查，并督促监理单位认真落实监理责任，确保作业安全。

五、案例点评

本案例中施工人员图一时方便，付出了惨痛的生命代价，令人深思，是安全意识淡薄还是监督管理缺失？其实事故中最可怕的就是“当事者无知无畏，监督者视而不见”，很多违章事故的当事人并未意识到自己的违章行为以及可能造成的后果，履行监管责任的人员也未能及时发现并制止。因此，开展施工安全教育培训及安全技术交底要有针对性，确保施工人员、监理人员的业务技能满足安全要求。本案例中大型脚手架搭拆作业应严格执行有关规章制度和行业标准，落实参建各方安全职责并履职到位，强化“架子工”资质审查，严格执行脚手架搭设或拆除方案要求。

你这样拆没事吗?
没事，没事…
3
3
啊…

第五章 其他

案例 5-1

某抽水蓄能电站 2 号机组抽水运行过程中水导摆度及水导瓦温高报警导致机组被迫停运

一、事件经过及处置

2015 年 1 月 18 日 02 时 41 分，2 号机组抽水工况运行；02 时 43 分，水导摆度高报警；02 时 46 分，水导瓦温高报警，运维值班人员向调度申请停机。

经初步检查，排除传感器故障、冷却水流量不足等因素后，对水导轴承室内 10 块水导瓦、巴氏合金瓦进行抽瓦检查，如图 5-1-1 所示，发现出油边均有明显均匀的摩擦痕迹。瓦面存在毛刺，轴承室内无明显异物，瓦面无异物碾压痕迹。

检查 2 号机组尾水事故闸门，未见异常。检查 2 号机组尾水管，如图 5-1-2 所示，发现尾水椎管上有明显螺旋上升划痕，尾水管锥管进口有 30cm 环形划痕，转轮叶片泵工况进水边均存在摩擦痕迹，转轮泄水锥上有摩擦痕迹。

检查尾水管至事故闸门段，如图 5-1-3 所示，在 2 号尾水事故闸门内侧附近发现技术供水进水口拦污栅（长 1.4m，宽 0.75m）。

图 5-1-1 水导瓦碾压受损痕迹

图 5-1-2 受损部位划痕

图 5-1-3 脱落的拦污栅

经检查，脱落的拦污栅有轻微变形，3 个边角磨损严重，但形态完整，无碎块脱落。

检查 2 号机组盘型阀拦污栅及技术供水泵取水口拦污栅固定螺栓，螺栓紧固良好，螺栓点焊防动焊点未见开焊现象，对拦污栅与尾水管钢衬接触面进行段焊加固处理，同时对 2 号机组转轮受损部位进行剖光打磨处理。

二、事件原因

直接原因：技术供水进水口拦污栅在强大的水流作用下吸附到转轮上，导致机组水力不平衡。

三、暴露问题

未按照《国家电网公司水电厂重大反事故措施》（国家电网基建〔2015〕60 号）中 3.1.3.2 的要求对拦污栅等部件开展定期检查、维护。

四、防止对策

（1）对拦污栅开展定期检查、维护。

（2）加强对机组过流部件的检修质量管理，应更新改造出现缺陷影响使用功能的部件。

五、案例点评

尾水管内小小的拦污栅对核心设备转轮造成了损伤，本案例表面上看存在运维人员对拦污栅等部件开展定期检查及维护不到位、技术监督措施不落实等诸多管理问题，实质上，也许都源于“拦污栅等部件轻易不会出问题”的判断。过流部件缺陷在日常巡检中不易发现，因此要充分利用检修机会，对过流部件进行全面检查。同时，应考虑机器人、监控设备等先进技术，对隐蔽部位开展检查。

案例 5-2

某抽水蓄能电站 1 号机组停机转抽水调相过程中因蜗壳尾水平压管预埋露出段破裂喷水

一、事件经过及处置

2015 年 8 月 5 日 07 时 40 分，某抽水蓄能电站 1 号机组监控报警，蜗壳层 1 号机组球阀侧厂房水位高浮子动作，运维人员查看发现 1 号机组蜗壳层 1 号球阀下游侧某一位置向外喷水，随即申请停机。07 时 42 分，1 号机组侧阀坑厂房水位高浮子相继动作，厂房水位高保护回路出口继电器动作，启动跳机回路，检查保护动作发现 1～4 号机组转机械事故停机动作正常（3 号机组抽水调相工况启动失败）；2、4 号机组尾闸自动关闭动作正常；1、3 号机组尾闸未关闭动作异常。上库 1、2 号进出水口闸门控制方式在现地，闸门未自动关闭。

运维值班人员立即启动水淹厂房应急预案，依次拉开蜗壳层各电气设备交直流电源，避免在事故处理过程中发生漏电伤人及设备损坏，检查发现 1 号尾闸液压锁定无法退出，对 1 号尾闸液压锁定电磁阀手动干预后，操作 1 号尾闸关闭，08 时 32 分，1 号机组尾闸全关，漏水处喷水现象消失，蜗壳层积水经自流排水逐渐降落。

09 时 50 分，蜗壳层积水排净。经过各方技术人员的讨论，最终根据现场实际情况确定 1、4 号机组的修复方案：将预埋管的混凝土向墙内打掉 20cm 左右露出钢筋（为方便焊接及后期混凝土浇注），对预埋管路外端采用不锈钢法兰进行焊接转换，法兰套在预埋管路（3.76mm）在内部进行焊接，法兰与配管进行外部焊接，如图 5-2-1 所示。配管采用厚度为 6mm 的同材质钢管，焊接工艺采用氩弧焊打底，多层盖面，保证全焊透。配管外焊接加筋板连接至混凝土钢筋。焊接完成后进行 PT 探伤，并进行充水渗漏试验后浇筑混凝土。

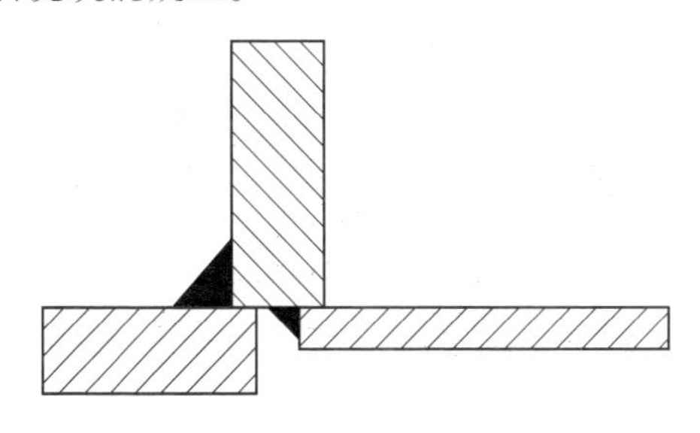

图 5-2-1 转接法兰焊接示意图

1 号机组实际处理过程如图 5-2-2、图 5-2-3 所示，4 号机组处理过程与 1 号机组类似（法兰未更换）。

对 1 号机组空蚀严重的连接法兰进行更换，由于不锈钢法兰购买周期长，暂时仍使用碳钢法兰进行更换，后期结合检修更换为不锈钢法兰，如图 5-2-4 所示。

图 5-2-2　转接法兰套在埋管端部在内侧进行焊接

图 5-2-3　配管插入法兰在外侧进行焊接

图 5-2-4　更换的法兰及整体链接图

二、事件原因

直接原因：预埋管路强度不能满足运行工况下长期的压力冲击。

三、暴露问题

（1）该管路设计不合理，预埋管明管段设计壁厚薄，压力低，不能满足实际运行。

（2）日常运维未对该部位管路加强巡视和定期维护。检修时要开展管路的焊缝探伤和打压试验等。

四、防止对策

（1）结合检修对与压力钢管、尾水管连接的承压管路进行壁厚检测、材质核对、焊缝检查，确认是否满足现场运行要求。

（2）日常巡检过程中，将加强该管路及类似管路的巡视检查，发现问题及时处理。

五、案例点评

设备的设计审核和施工安装对其后期安全生产是十分重要的，是确保不出现“先天不足”的关键环节，特别是隐蔽工程的审查尤为重要，要求参与建设过程中的人员，必须以高度的责任感对涉及工程本质安全的内容进行重点审查，决不能“蜻蜓点水”“走马观花”。另外，管路的焊接要严把工艺，加强材质核对和焊缝检查，有跑冒滴漏及时发现及时处理，防止事故扩大。

案例 5-3

某抽水蓄能电站 6 号主变压器运行过程中消防喷淋系统误动作导致高低压侧断路器跳闸

一、事件经过及处置

2016 年 8 月 9 日 10 时 57 分，某抽水蓄能电站监控报“6 号主变压器消防喷淋动作”，1s 后 6 号主变压器高压侧断路器分闸、2 号高压厂用变压器高压侧断路器分闸、6 号机组组失去备用，厂用电 400V 备自投动作，厂用电切自Ⅰ段带Ⅱ段联络运行；3s 后 6 号机组主变压器消防喷淋启动。

10 时 58 分，运维人员到现场检查 6 号主变压器实际情况未见着火燃烧迹象，用红外成像仪对主变压器本体进行测温，温度 52.8℃，温度较平常未出现异常。11 时，检查发现 6 号主变压器消防端子箱内的两个消防报警模块 85℃和 105℃动作（如图 5-3-1 所示）。经对报警模块断电复归，故障信号消失，判断消防报警模块故障。更换新的消防报警模块，并在线盒底部涂抹玻璃胶进行了防水、防潮处理，将 6 号主变压器消防喷淋切至手动，观察一段时间后，将 6 号主变压器消防喷淋投自动。14 时 58 分，6 号主变压器恢复备用。

图 5-3-1 85℃和 105℃消防报警模块

二、事件原因

直接原因：消防喷淋系统消防报警模块误动。

间接原因：主变压器消防喷淋系统与主变压器跳高低压侧断路器逻辑设置不完备、消防喷淋系统日常运维不到位。

三、暴露问题

（1）未按照《建筑消防设施的维护管理》（GB 25201—2010）中火灾自动报警系统要求对自动报警系统进行定期检验、维护。

（2）未按照《国家电网公司水电厂重大反事故措施》（国家电网基建〔2015〕60 号）中 17.1.6 的要求对火灾自动报警系统进

行检测、检修。

四、防止对策

（1）定期对火灾自动报警系统进行检验、维护。保证火灾自动报警系统运行正常，无报警信号，无故障现象。

（2）定期对火灾自动报警系统进行检测、检修，确保消防设施正常运行。

（3）设置 2 个及以上非同源报警保护装置，从而减少消防系统误报的可能性。

五、案例点评

对于主设备的消防系统，运维人员往往又“爱”又“恨”，即怕“误动”又怕“拒动”。本案例中的误动就导致了主变压器的跳闸且启动了喷淋装置等严重后果，说明对于主设备有联动关系的辅助系统决不能掉以轻心，要加强定检分类分级管理，切实保障元器件的正常运行。除了加强定期检查维护方面，还可以从保护逻辑关系上为消防系统保驾护航，确保其可靠、正确动作。